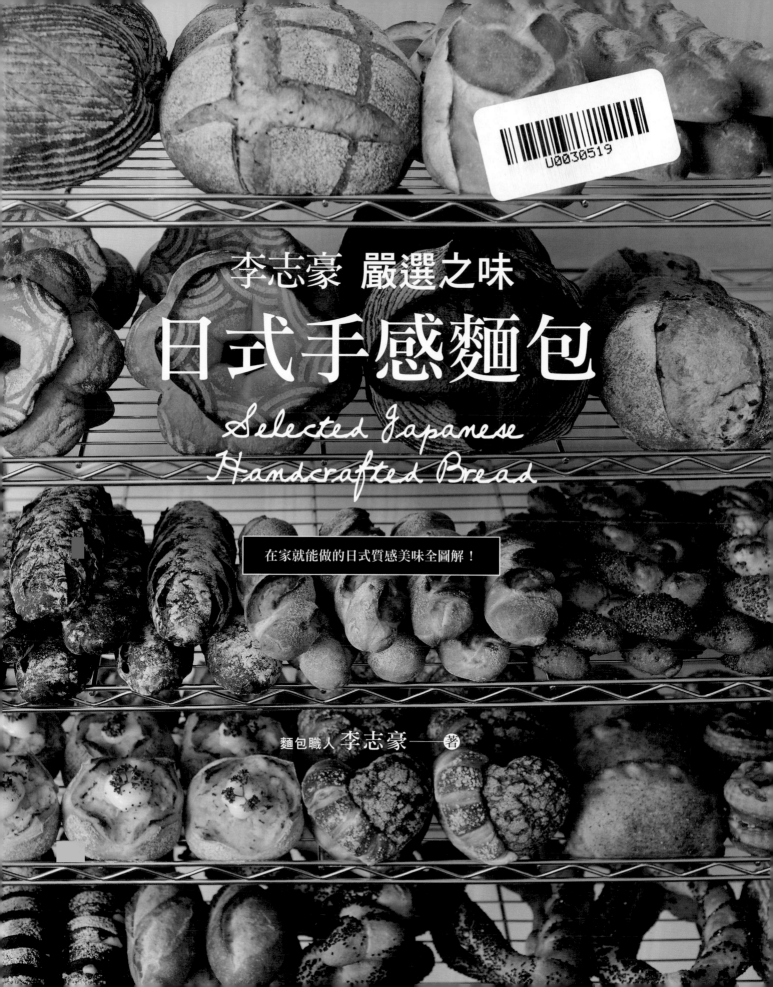

李志豪 嚴選之味

日式手感麵包

Selected Japanese
Handcrafted Bread

在家就能做的日式質感美味全圖解！

麵包職人 李志豪 —— 著

推薦序／

我是日本名古屋製菓學校的教師，八年前甫進名古屋製菓擔任麵包科導師時，遇到了以留學生身份來就讀的志豪，由於實作課及一般課程皆是以日文進行，我可以感受得到志豪身為一個外國人對於語言的不安和緊張，但是他非常快速的就融入其他日本同學生活圈裡。

在學校的每一天，每日需要定時觀察酵母發酵情況、在實作課上的內容重點也很多，在求學的過程中是一件非常辛苦的事情，但是我對於志豪考試時鮮明易懂的實習筆記印象非常深刻，一本本寫得密密麻麻的筆記本，是志豪展現對烘焙熱情的最好表現。

學習做麵包這一年中，有許多因文化差異而出現的挫折，可是麵包將志豪與其他人緊緊的連繫在一起，不管任何時候他都非常願意傾聽他人想法並互相學習，在學習的路上追求做出更美味的麵包。我覺得志豪仍在追求自己夢想的路上，身為一位老師，我非常的高興志豪仍滿懷熱情的持續追求自己的夢想。

這本書是獻給與志豪一樣對於麵包有滿腔熱情的職人們的，就像是麵包愛好者的一張麵包地圖。請大家務必開心的在志豪的麵包世界中旅遊。Bon voyage!

名古屋製菓專門學校 主任教員

Yasuko
HATTORI

第一次採訪志豪師傅是在2014年18號烘焙坊開幕時，那時他做了一款紅酒巧克力麵包，將法國紅酒加入法國老麵製做的麵團中，再加入巧克力淋醬、可可粉與高融點巧克力豆，呈現巧克力的多層次口感，這款麵包口感綿密濕潤，又帶有濃郁的巧克力甜香，完全跳脫歐式麵包乾硬無味的傳統印象，也讓我對這位笑容靦腆的年輕烘焙主廚留下印象深刻。

2017年志豪師傅推出了一系列創意鹹麵包，包括用竹輪及起司作夾餡，再淋上明太子醬提味的「竹輪明太子麵包」；用黑輪作夾餡，撒上芥末子醬、孜然、糖粉的「黑輪孜然麵包」；以日式麵包體搭配日式咖哩與奶油起司的「咖哩起司麵包」；以布里歐麵包夾上起司與自製台式傳統米糕的「台灣米包」以及用墨西哥辣椒與起司為夾餡的「義式起司堡」，不但做法有創意，口感更是驚奇連連，這一系列創意鹹麵包也成了我在廣播節目中分享的有趣話題。

志豪師傅推出的「李志豪嚴選之味日式手感麵包」，揉合了甜點與麵包的雙重特色與繽紛浪漫的麵包造型，連我這種不會做麵包的門外漢都看得如痴如醉；而這本以日式歐包為主題的新書，再次展現了志豪師傅的紮實真功夫，以及對創作麵包的熱情與想像力，相信對喜愛做麵包的職人或素人而言，這不只是一本麵包教戰手冊，也是很值得收藏的烘焙書呢！

前中國時報資深美食記者

於自己創立的麵包品牌Cycle&Cycle，也結識了不少
圈內志同道合的麵包師。李志豪師傅就是其中一位。

第一次拿到這本書，單從圖片和麵包的名稱就能感受
到老師對待麵包的態度，那是種不拋棄傳承的創新，
比流行和大眾產品更進一步，比好看更深一層，像是
製作藝術品一樣精雕細琢，用簡單的食材創造大眾偏
愛的風味。

之後Cycle麵包教室與志豪師傅聯合作了幾期日式和
風麵包課程，深受學員的好評和喜愛。我想這可以歸
論為一種氣質相吸，可能這種氣質來源於彼此對麵
包品質的堅守，我們都旨在傳遞麵包本身帶來的純粹
自然的幸福味道，而這看似簡單、樸素的質感背後是
更多不為人知的付出和對於麵包世界從未停止的求知
慾、創造心。

希望你們閱讀這本書時能感受一個風趣幽默熱愛生活
的麵包師，將這份厚實和用心一字一句地傳達給你。

Cycle&Cycle主理人

浮小笙

Contents

Chapter 1
日式口感的歐法麵包

日式食威的風味歐包

深度之味的天然酵母麵包

JAPANESE BREAD
日式質感的麵包魅力

有別於純粹樸實的傳統法式麵包，日式麵包在製作的基礎上融合一些變化與專有飲食特性，進而發展出貼近亞洲人主食要求——鬆軟口感，獨樹一格的「日本麵包」文化。

特有的新近麵包口感

強調軟綿濕潤的日式麵包，以精緻外型，蓬鬆細膩、Q軟、料多質地見長，與講究嚼勁、發酵麥香為重點的歐包有著非常不同的特色魅力。書中麵包麵團主要有風味清爽口感輕盈，與風味濃郁口感鬆軟的類型，就這些麵團特性，掌控住粉類的味道以及水分、糖分、油脂的分量，善用食材的搭配，就能變化獨具特色的風味。

豐富季節感的飲食特色

決定麵包味道的最大要素就是食材的選擇了，麵粉的使用、比例或副材料，都會影響口感風味，特別是經過調配用粉帶出的獨特風味，更是麵包的迷人魅力。再者，因著四季豐富的食材，就季節性的不同將特有的在地飲食特性加入麵包裡；季節性的食材不僅能表現出當季才有的美味，更能帶出豐富種類，與多元口感的特色魅力。

注重小麥原味的超群美味

麵包是藉由酵母的力量膨大起來的，為能保留小麥香氣與食材風味，因此也會結合慢工發酵的天然酵母來製作，以達到綿軟的口感質地。書中麵包就其特色，添加魯邦種、啤酒酵母種、法國老麵、湯種等，以適合的工法製作，透過低溫與長時間發酵散發出的深度香氣，提引出豐富層次風味與甘甜醇厚的深度之味。

口味多變化的美味添加

豐富內餡與外型的變化，不只有融合洋食轉化成獨特口感的風味歐包，更有在甜麵團基礎上結合內餡與手法創意而延伸出的各式甜麵包、菓子麵包，以及結合在地飲食入料，飽足感十足，不論作為主食或點心都適合的調理麵包等。

製作
材料的基礎知識
麵包

01 紅藜麥
02 杏仁粉
03 法國粉
04 裸麥粉
05 高筋麵粉
06 石臼裸麥粉
07 全麥粉
08 在來米粉

(Flour)　**麵粉**

麵粉依蛋白質含量的多寡,分為高、中、低筋。依據
麵包種類的不同,會搭配不同的麵粉使用。法國粉的
分類type45、type55、type65,是以灰分（礦物質含
量）為分別,而不是以筋性（蛋白質含量）來分,講
究發酵風味類屬的,較適合灰分較多的粉類。

法國粉。製作道地法式風味及口感使用的法國麵包專
用粉。型號（Type）的分類是以穀麥種子外殼的含量
高低來區分。

高筋麵粉。蛋白質的含量較高,容易形成麵筋,可製
作出具份量且口感紮實的麵團,製作麵包用途最廣泛
的麵粉。

低筋麵粉。蛋白質的含量較低,筋度與黏度也相對較
低,不太容易形成筋性,不適合單獨使用於麵包的製
作;常與高筋麵粉混合使用。

裸麥粉。由整顆裸麥穀粒磨製成的裸麥粉,具獨特風
味,裸麥中所含的蛋白質無法形成筋性,不具膨脹
性,因此會搭配其他粉類製作。適合用在培養魯邦種
或裸麥酸種等。

全麥粉。以保留外皮和胚芽的整顆小麥碾磨所製成,
含有大量胚芽與麩皮,保有小麥樸質的香氣與味道,
適用於口感紮實厚重的麵包製作。市售未標示100%全
麥粉,多為混合調配的全麥麵粉。

在來米粉。由在來米碾磨製成。黏性較小,多用在中
式點心,書中用在湯種的搭配增加Q彈的口感。

Yeast　酵母

幫助麵團發酵膨脹的重要材料。酵母發酵會生成二氧化碳，致使體積膨脹，而發酵反應中生成的微量酒精與有機酸，則會為麵包帶出不同的酸度風味。有新鮮酵母、乾酵母與速發乾酵母，依不同的麵包種類及製法，使用的酵母種類及用量也有所不同。

新鮮酵母。濕性酵母，需冷藏保存。具滲透壓耐性，就算含糖量高的麵團，也不會被破壞，也能成功使麵團發酵。多用在糖分多、冷藏儲存的麵團。

速溶乾酵母。直接加入麵團中即可使用，不需要預備發酵。有低糖、高糖乾酵母的分別，低糖用酵母，適用含糖量5％以下的無糖或低糖等麵團。高糖用酵母，適用含糖量5％以上的菓子、布里歐麵團等。

Malt Extract　麥芽精

含澱粉分解酵素，具有轉化糖的功能，能促進小麥澱粉分解成醣類，成為酵母的養分，可提升酵母活性，加速麵團發酵速度。多運用在灰分質較高的麵粉，可優化發酵階段的膨脹力，而相較於未添加糖的麵團，加入麥芽精的麵團有助於提升烤焙色澤與風味。

14

糖

不僅可以增加風味甜度外,也是提升酵母養分的來源,能促進酵母發酵,增添麵包的蓬鬆感;烘烤後引發的梅納反應則促使表面上色。

細砂糖。顆粒細,容易融入麵團中,適用各式麵包製作;顆粒粗砂糖,不易融化多用於增添口感質地使用。

糖粉。極微粒的細砂糖粉,質地細緻,多用於表面裝飾,以及製作糖霜。

蜂蜜。添加麵團中能提升香氣、濕潤口感、上色效果。

 鹽

平衡味道外,還有強化筋度緊實麵筋韌性,以及控制麵團發酵作用。鹽若加太多,會抑制酵母的作用;不加鹽,麵團則容易過度濕軟,不易塑型,必須注意。

 蛋

具有讓麵包柔軟且香濃的作用,能增加麵團的蓬鬆度,風味、香氣與表面烤色光澤。風味濃郁的布里歐、菓子麵包常會使用。

 奶油

在麵團中添加油脂,可增進麵團的延展性及柔韌度,此外,也可減少麵包烘烤時水分的蒸發,讓完成的麵包質地柔軟。油脂的成分會阻礙筋性形成,因此高油量的多會在筋性形成後再加入麵團中攪拌。

無鹽奶油。不含鹽分,具有濃醇香味,是製作麵包最常使用的油脂類;配方中若無特別註明指的就是無鹽奶油。

發酵奶油。經以發酵成製的奶油,帶有乳酸發酵的微酸香氣,乳脂含量高,質地細緻、風味濃厚,多使用於濃郁奶油風味的重奶油製品,可帶出細緻質地、酥脆口感。

片狀奶油。折疊麵團的裹入油使用,可讓麵團容易伸展、整型,使烘焙出的麵包產生酥鬆的層次。本書中使用的是片狀奶油。

奶油乳酪。Cream Cheese,香濃滑順、濕潤帶有淡淡的乳酸風味,很適合與帶有果酸味的果乾搭配,書中用在內餡的使用。

橄欖油。從橄欖果實中萃取而成的油。書中運用在調製內餡,或整型時塗刷讓外皮能與主體麵團立體而分明的呈現使用。

 乳製品

添加麵團中,可為麵團帶出柔軟地質、濃郁的口感香氣,也可讓烘烤後的表面烤色富光澤。

鮮奶。大量乳糖中所含的乳糖醇可在麵團中分解出半乳糖、葡萄糖,可促使麵團更容易上色,形成漂亮的色澤,並能帶出特有的甜味香氣。

鮮奶油。濃醇的風味,能使麵團柔軟增添風味,多使用在濃郁類型的甜麵包。但較容易變質,保存上需特別注意。

Water 水

麵粉中加入水可以幫助麩質成形,基本上使用飲用水即可。但依麵團種類的不同會使用牛奶、鮮奶油搭配,如布里歐、菓子麵團;另外在攪拌過程中為調節溫度,也會使用冰水或溫水來調整。

從食材，探究麵包的口感滋味

即便是相同的材料質地，在融入不同的風味素材，或不同的整型手法，加以呈現出的麵包，就會有不同的樣貌、味道與香氣。

風味粉末

可讓麵團更富變化的食材，有用蔬菜泥乾燥製成的蔬果粉，如南瓜粉、紫地瓜粉，以及其他擷取食材製成的墨魚粉、竹炭粉、抹茶粉、可可粉等等，保有食材色澤與味道，容易與麵團混合，只要加入麵團中混合均勻就能增進麵團的風味與色澤。

01　無花果乾
02　南瓜子
03　開心果
04　紅寶石巧克力
05　水滴巧克力
06　杏仁片
07　黑芝麻
08　核桃
09　杏仁角
10　夏威夷豆

堅果、果乾

在麵團中加入堅果、水果乾等搭配，能豐富口感外，也能提升風味與香氣；特別是酒漬入味後的果乾更具香氣，能帶出麵團別有的芳香。烘烤後的堅果，香氣口感較足，用量要注意，過多會影響麵包的膨脹性。另外糖漬類的大納言、黑豆或也都是常運用搭配的和風食材，混合在麵團裡，或作為內餡，都能豐富口感。

豆沙餡

風味細膩的各式豆沙餡，多用於點心麵包的內餡使用，像是櫻花豆沙餡、白豆沙餡等等，可就喜好混合搭配。

11　豆沙餡
12　香草莢
13　洛神花蜜餞
14　酒漬無花果
15　葡萄乾
16　芒果乾
17　藍莓乾
18　乾燥覆盆子
19　草莓乾
20　桔子丁
21　蔓越莓
22　黃金葡萄乾
23　紅藜麥
24　蜂蜜麻糬丁

從發酵，尋味麵包的香氣風味

美味麵包的靈魂來自酵母，為突顯麵包該有的特色風味，
會就需要使用自家培養的酵母來製作不同種類的麵包。

A　魯邦種

使用裸麥粉培養出的魯邦液種，pH值接近酸性，具有獨特的香氣與酸味（又稱酸種），適合用來製作各式的歐法麵包。

| 培養 | 第 1 天 | ○ 材料：裸麥粉350g、飲用水（40℃）385g |

○ 作法：

01　將飲用水加入裸麥粉仔細攪拌均勻（溫度28℃、濕度70%）。

02　覆蓋保鮮膜，室溫靜置發酵約24小時。

Day1狀態。

| 第 2 天 | ○ 材料：第1天發酵液種250g、裸麥粉250g、飲用水（40℃）275g |

○ 作法：

01　將其他材料加入第1天的發酵液種全部攪拌均勻（溫度28℃、濕度70%）。

02　覆蓋保鮮膜，室溫靜置發酵約24小時。

Day2狀態。

○ 材料：第2天發酵液種250g、裸麥粉125g、法國粉125g、飲用水（40℃）250g

○ 作法：

01 將其他材料加入第2天的發酵液種全部攪拌均勻（溫度28℃、濕度70%）。

02 覆蓋保鮮膜，在室溫靜置發酵約24小時。

Day3狀態。

第 4 天 ○ 材料：第3天發酵液種250g、法國粉250g、飲用水（40℃）275g

○ 作法：

01 將其他材料加入第3天的發酵液種全部攪拌均勻（溫度28℃、濕度70%）。

02 覆蓋保鮮膜，在室溫靜置發酵約12小時。

Day4狀態。（第4天即可使用，若不直接使用可冷藏，其後每4天續養一次。）

後續餵養　第 5 天 ○ 材料：第4天完成魯邦種250g、法國粉250g、飲用水（40℃）250g

○ 作法：

01 將第4天完成魯邦種，加入法國粉、飲用水（40℃）攪拌均勻（溫度28℃、濕度70%）。

02 覆蓋保鮮膜，冷藏發酵12小時。

魯邦種餵養法

第4天後的魯邦種餵養：將前種魯邦種、法國粉、飲用水（40℃），以 1：1：1 的比例持續餵養即可。

B 啤酒酵母種

啤酒酵母富含維生素B、蛋白質以及多種微量元素，以啤酒培養天然酵母製成的麵包，麵包散發出來的香氣比一般天然酵母麵包濃厚，口感潤嫩，細細品嚐可感受到小麥與啤酒交織的香氣滋味。

保存方法

每一天沒使用完的啤酒發酵種，剩餘的部分可冷藏保存約3天。

啤酒發酵液

將材料放入容器中，放置適合酵母生長的環境，以利酵母繁殖。

○ 材料：艾丁格啤酒594g、飲用水594g、蜂蜜30g

○ 作法：

\ Point /

01 將所有材料混合攪拌均勻。

配方中使用的啤酒為艾丁格啤酒（ERDINGER）；選購時只要內容物標示含有酵母的啤酒種類也可以。

02 密封、蓋緊瓶蓋，每8小時打開瓶蓋、輕搖晃瓶身均勻混合（1天約3次），室溫靜置發酵約72小時。

當天完成的啤酒發酵液狀態。

72小時後的啤酒發酵液狀態。

啤酒發酵種

將完成的啤酒發酵液與麵粉、蜂蜜混合，使發酵液中的酵母菌生長繁殖，培養出來的酵母具有讓麵包膨脹的發酵力。

第1天	○ 材料：啤酒發酵液150g、法國粉250g、蜂蜜3g

○ 作法：

01 將啤酒發酵液與其他材料攪拌混合均勻（麵溫24℃）。

02 覆蓋保鮮膜，室溫靜置發酵約12小時後，移置冷藏發酵。

Day1狀態。

第2天	○ 材料：第1天啤酒發酵種10g、啤酒發酵液187.5g、法國粉275g

○ 作法：

01 將第1天啤酒發酵種與所有材料攪拌混合均勻（麵溫26℃）。

02 覆蓋保鮮膜，室溫靜置發酵約6小時後，移置冷藏發酵。

Day2狀態。

第3天	○ 材料：第2天啤酒發酵種12.5g、啤酒發酵液225g、法國粉330g

○ 作法：

01 將第2天啤酒發酵種與所有材料攪拌混合均勻（麵溫26℃）。

02 覆蓋保鮮膜，室溫靜置發酵6小時，移置冷藏發酵，完成的啤酒發酵種即可使用。

Day3狀態。

C 法國老麵

使用法國粉製作、發酵，使其釋出麵粉的香氣美味，適用於各式歐式麵包製作，可帶出豐富的香氣與風味。

○ 材料：法國粉1000g、魯邦種（P18）100g、水650g、麥芽精3g、低糖乾酵母7g（或新鮮酵母20g）

○ 作法：

01 在攪拌缸中放入法國粉、水、麥芽精、魯邦種先攪拌均勻。

\ Point /

配方中的魯邦種可增添風味香氣，可加也可不加。若不添加魯邦種，配方可再視實際狀況，再斟酌加入水20-50g調整製作。

02 再將低糖乾酵母撒在麵團上靜置約30分鐘後攪拌至酵母融解均勻後，以慢速攪拌均勻成團。

03 再轉中速攪拌至光滑面即可（終溫23.5℃）。

04 將麵團放入容器中，覆蓋保鮮膜，室溫發酵約1小時。

05 待麵團發酵膨脹，即可使用（或移置冷藏發酵12-15小時後隔天使用）。

共通原則｜酒精消毒法

為避免雜菌的孳生導致發霉，發酵用的容器工具需事先消毒。將使用的所有工具噴撒上酒精（77%）後，用拭紙巾充分擦拭乾淨即可。

關於老麵

法國老麵多半是取自製作法國麵包時剩餘的麵團再混合使用的。因原種麵團本身就含有鹽分，若再加入鹽會影響主麵團的風味。

D 湯種

麵粉加上沸水先攪拌製作，再加入其他麵團一起發酵，利用麵粉事先糊化的過程，提升保濕性，添加適量在來米粉提升口感，製作成的麵包口感更加Q彈柔軟。

○ 材料：高筋麵粉180g、在來米粉20g、細砂糖30g、鹽1g、鮮奶（100℃）300g

○ 作法：

01 鮮奶加熱煮至沸騰。

02 在攪拌缸中放入高筋麵粉、在來米粉，再加入作法①煮沸鮮奶。

\ Point /

配方中添加的在來米粉是為了提升Q彈的口感。

03 慢速攪拌約5分鐘至均勻成團。

\ Point /

小麥澱粉糊化溫度為58-64℃，湯種麵團中心溫度需達到65℃以上才能使用。

04 麵團取出放入容器中，待冷卻，覆蓋保鮮膜密封。

05 放置冰箱冷藏約12小時，隔天取出使用。

製作出宛如麵包店麵包的訣竅

想做出色香味俱全的美味麵包，
就必須對食材、對製作細節先充分了解，
才能在不同的狀況下適時調整。
因此，製作之前請務必先熟悉掌握製作重點。

Point1 「攪拌」成形麵團階段

攪拌麵團的作業，包含混合攪拌和拍打翻麵等，讓麵團形成麵筋，完成細緻組織質地，而能成功製作麵包的重要過程。

麵團依種類特性攪拌的程度有所不同。成分中含有較多砂糖、奶油、蛋，質地柔軟的麵團，像是布里歐、菓子麵團等，為了能做出膨脹鬆軟的口感，麵團必須攪拌至可拉出既薄又堅韌，可透視指腹的薄膜狀態。而當中因含油量高，為避免奶油阻礙麵筋的形成，通常會在麵團攪拌至形成基本薄膜時，再把奶油加入攪拌至麵筋網狀結構富彈性的完全狀態。

折疊麵團像是可頌、丹麥，因會在麵團中間包裹奶油反覆折疊，所以麵團不需過度攪拌，以攪拌到擴展約7-8分筋狀態，可拉出質地較弱、粗糙的膜即可，在裹油時才不會破裂，不會讓延展不好操作。

撐開麵團確認狀態

攪拌充足的麵團帶筋度，可將麵團輕輕延展後拉出薄膜，攪拌完成與否可由此狀態判斷。

○ **麵筋擴展**：麵團柔軟有光澤、具彈性，撐開麵團會形成不透光的麵團，破裂口處會呈現出不平整、不規則的鋸齒狀。（例如：可頌、丹麥麵團）

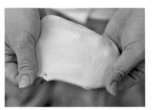

↑ 攪拌適當／材料攪拌成團，拉出的薄膜質地略粗糙不齊

↑ 用手拉出麵皮具有筋性且不易拉斷的程度。用手將麵皮往外撐開形成薄膜狀時，可看到其裂口不平整且不平滑。

○ **完全擴展**：麵團柔軟光滑富彈性、延展性，撐開麵團會形成光滑有彈性薄膜狀，破裂口處會呈現出平整無鋸齒狀。（例如，布里歐、菓子麵團）

↑ 攪拌適當／材料攪拌成團，拉出的薄膜質地均勻，薄透至可以透視指腹。

↑ 用手撐開麵皮，會形成光滑的薄膜形狀且裂口呈現出平整無鋸齒狀的狀態。

確認麵團攪拌完成的溫度

麵團的溫度依麵包種類的不同有差異，本書則是將內容簡易至較好理解的程度，基本上都設定在攪拌終溫24-25℃（部分例外會標明溫度），標示的溫度可作為攪拌時理想的參考標準，配合後續的操作以利適合的調節。

食材的冷藏處理

氣溫與材料等的溫度會隨著季節而有所變化，因此攪拌完成的溫度（攪拌終溫），會透過材料的溫度來調節控制，讓麵團在攪拌完成時能達到適合的溫度。以高油糖含量的布里歐麵團來說，為避免長時間攪拌升溫致使酵母發酵過度，通常會將預備攪拌的材料在前一天先放入冰箱冷藏，或使用冰水或冷水來控制溫度。

Point2　「發酵」醞釀美味的過程

「基本發酵」階段

書中的發酵時間，以一般室溫為主，麵團理想的發酵溫度約在28-30℃，濕度75％；中間發酵溫度約在28-30℃，濕度75％，如果是軟質麵包類會較講求發酵風味的硬質麵包類來得稍高1-2℃。不過，像是可頌丹麥等油脂比例較多的，為了不讓油脂溶出，溫度通常會在28℃以下。

麵團狀態很重要，發酵或鬆弛過程中，盡可能維持麵團濕潤狀態，因為一旦表面變得乾燥，外皮就無法延伸，會阻礙麵團的膨脹。覆蓋保鮮膜時，為了不要擠壓到麵團的膨脹能力，務必要寬鬆覆蓋。

隔夜發酵

在第一單元的歐法麵包製作時，部分麵團在攪拌完成後會放在冰箱裡冷藏一晚，讓麵團在穩定的狀態緩慢發酵，隔日再取出進行操作。使用冷藏隔夜發酵的製法，由於麵團有充足時間發酵，再與主麵團混合攪拌時可大幅縮短時間，且能助於增加麵包的香氣。

拍打整理麵團的翻麵

翻麵為製作歐法麵包的重要步驟。所謂的翻麵（壓平排氣），就是對發酵中的麵團施以均勻的力道拍打，讓麵團中產生的氣體排除，再由折疊翻面包覆新鮮空氣，把表面發酵較快的空氣壓出，使底部發酵較慢的麵團能換到上面，達到表面與底部溫度平衡，穩定完成發酵，壓平排氣此操作最重要的就是可以強化麵筋組織。至於拍打麵團的時機力道、次數與強度，則取決於想要做成什麼的麵包來調整。

麵團的翻麵方法

①將麵團輕拍平整，由底向中間折疊1/3。

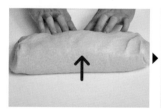

②由前向中間折疊1/3，轉向均勻輕拍。

③再由底向中間對折，收合的部分朝下，覆蓋，繼續發酵。

「中間發酵」階段

中間發酵，意指在基本發酵後，歷經分割、滾圓等階段後靜置發酵的步驟。由於分割後的麵團會產生越強的筋性而變得緊繃，不好延展，為了方便延展成形，這時會就切割的麵團做滾圓、靜置的調整動作，讓麵團恢復原有彈性狀態，達到好延展塑型的目的。

分割麵團時用刮板平均迅速的分割很重要，不能隨性用手撕開否則會損傷麵團，且應儘量減少割麵團的次數，才能降低對麵團的損傷。另外要注意在靜置過程中應覆蓋保鮮膜，否則表面會變乾燥而龜裂，影響麵團發酵。

「最後發酵」階段

麵團整型時也會造成消氣，需要再經由重新發酵，讓麵團恢復彈性，才能漂亮膨脹。發酵後的麵團體積會膨脹到1.5-2倍大，因此放置烤盤的麵團要間隔擺放。原則上硬質類等視覺著重在切割面的麵包，為維持已塑型形狀，會利用折成凹槽的發酵布所形成的間隔作為支撐來進行。

一般來說，麵團的最後發酵溫度約在28-30℃、濕度75-80％，但隨著麵包種類和製法會有所不同。像是折疊類的麵團，在最後發酵階段，為避免麵團的溫度上升過高，導致油脂融化，會在溫度低於裹入油的熔點溫度下進行，因為油脂一旦融化，層次就會不均甚至消失，烘烤後的麵包便不會隆起而顯得扁塌。

↑ 圓形

↑ 花形

○ **橢圓形**：將麵團延展擀平後，將上、下往中間翻折，再對折，徹底捏緊收合處，滾動收合整型成橢圓狀。

↑ 橢圓形

↑ 橢圓形

○ **棒狀**：將整型成橢圓形的麵團，再均勻揉成細長的棒狀。

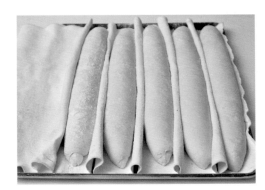
↑ 棒狀

〔**A**〕細長的麵團可打單結，或編織成花結造型。

↑ 編結

↑ 花結

Point3 「整型」完美成形

整型前用手輕拍麵團，在於將內部的空氣擠壓排出，之後的整圓則能促使筋質更加緊密、更有彈性。整型除了成形漂亮的形狀外，更重要的是就麵團性質的不同，以適合的力道擀壓、捲折整塑麵團成形；整型的力道、方式對於麵包之後的膨脹狀態都有所影響，必須控制得恰到好處，才能做出品質相當的美味麵包。

基本的整型

○ **圓形**：如同分割滾圓相同的方式操作，將麵團拍扁包入內餡，整型成飽滿圓滑的圓球形，或再壓切整型成花形。

〔B〕稍壓開棒狀麵團的一端,再將兩端接合固定即可做出環狀造型。

↑ 環形

〔C〕整型成細棒狀麵團,用剪刀左右剪開做出麥穗造型。

↑ 麥穗

○ **擀平**:用擀麵棍擀平成圓形片或橢圓片,再抹入內餡,收合整型圓球造型或捲起來成圓筒狀等各式捲包造型。

↑ 捲包　　　↑ 包折

Point4 「烘烤」完成

烘烤溫度因麵包質地種類而異,添加糖油多的濃郁類麵包,烤溫不宜過高、時間也不宜過長,因為容易有上色過度、過焦的情形,但若是裹油類型,為能烤出酥香鬆脆的口感則會以稍高(約220℃)、短時間的方式烘烤。

無論是哪種烤箱,內側都比較容上色烤焦,外側相對不容易烘烤,而會現不均勻的狀態。因此,必須注意上色的狀態,在麵包開始烤上色時,可就模型轉向烘烤(或轉動烤盤位置做轉向),以烘烤出的均勻色澤;若烤焙中途發現已有上色過度的情形,則可在表面覆蓋烤焙紙隔絕避免烤焦。

不管是帶模或是擺放烤盤烘烤的麵包,烤焙出爐後的麵包不要繼續放在烤模中(或烤盤裡),要立即移至涼架、脫模放涼,這樣才能使熱度、水氣蒸發。

Point5 美味享用&保存

不管是何種麵包,放了一段時間之後難免都會因乾燥變硬,為了維持較好的風味,除了盡早吃完比較好之外,注意保存的小訣竅也能減緩美味流失。

一般來說,不含餡料的麵包,如純粹的歐包、法國麵包、吐司等,若在1-2天內就可以吃完的話,用塑膠袋包好放室溫保存即可,若吃不完要保存較長久的時間,就要盡快冷凍保存,待要食用時再噴灑水霧回烤加熱,就能恢復彈性美味。

至於有餡料的料理麵包,因為鹹餡室溫下容易變質,最好當日吃完,若當天吃不完就必須包覆好冷藏,且保存時間不宜超過1天,並盡快食用完畢。但若是高糖分或低水分的甜麵包,因比較不易腐敗,1-2天內若能食用完畢,則可在包覆後冷藏;若是冷凍則可保存5天。

Chapter

1

日式口感的歐法麵包

不同於風味純粹、給人紮實沉重感的硬式歐法，

日式歐包在製法的基礎上，

結合發酵工法運用、專有的飲食特性，

演繹出有別於硬式麵包的風味口感。

特有的酵母香氣，調配不同比例的用粉，

加上豐富風土食材的扣合，

潤澤Q彈外，更多了穀物原有香氣外的豐富滋味。

本單元從貼近日常生活的風味，到層次豐富的天然酵母麵包，

全都是風味獨特，很好入口的麵包種類，

務必好好領略手工製美味，享受自家製麵包的醍醐味。

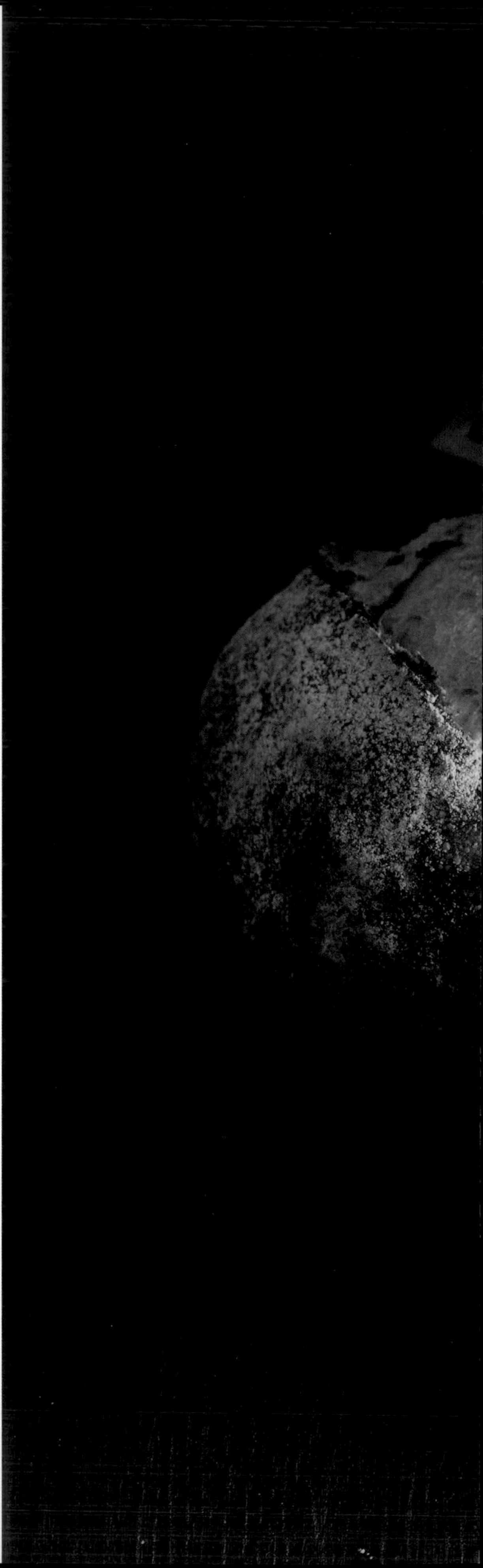

European Bread

北海道玉米法國

把金黃甜玉米粒、起司丁加入麵團內，布滿香甜的玉米粒與起司丁，
能提引麵包美味深度，風味樸素、咬勁口感十足。

終溫	基本發酵	中間發酵	最後發酵		烤焙	
23.5℃	**480**分	**25**分	**40**分		**23**分	

Ingredients

麵團 （6個）

Ⓐ 法國粉 —— 1000g
　麥芽精 —— 2g
　冰水 —— 690g
　・水50%
　・冰塊50%
　低糖乾酵母 —— 4g
　鹽 —— 18g
Ⓑ 玉米粒 —— 300g
　高熔點起司丁 —— 100g

Step by Step

┌─────────────────┐
│ 　　攪拌麵團　　 │
└─────────────────┘

01

將法國粉、麥芽精、冰水
用低速攪拌均勻。

02
在表面撒上低糖乾酵母，
靜置，進行自我分解約30
分鐘。

03
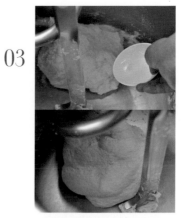
再低速攪拌至酵母混拌均
勻後，加入鹽攪拌。

04

確認筋度。
形成粗薄膜

05

最後加入材料Ⓑ攪拌混合
均勻（終溫23.5℃）。

基本發酵	分割滾圓、中間發酵	整型、最後發酵

06

將麵團整理成表面平滑的圓球狀，基本發酵45分鐘。

07

再將麵團輕拍平整，由底向中間折疊1/3，再由前向中間折疊1/3，轉向，輕拍，再由底向中間對折（壓平排氣、翻麵），冷藏發酵約8小時。

08
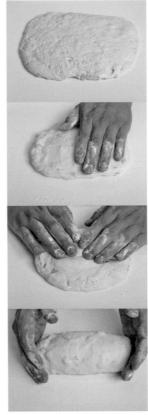

將麵團分割成320g，輕拍後捲折成橢圓狀，中間發酵25分鐘。

09

將麵團輕拍壓出氣體，從內側往中間折1/3，用手指按壓折疊的接合處使其貼合。

10
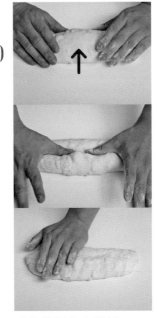

再由外側往中間折1/3，用手指按壓折疊的接合處使其貼合，用手掌的根部按壓接合處密合，輕拍均勻。

11

再由外側往內對折，滾動
按壓接合處密合，由中心
往兩側搓成長棒狀約40-
45cm。

12

將麵團收口朝下，放置折
凹槽的發酵帆布上，最後
發酵40分鐘。

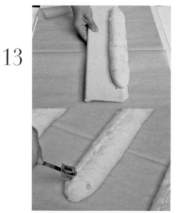

13

用麵包移動板移至烤焙紙
上，用割紋刀斜劃1刀口。

\ Point /

表面劃切口之前，也可
先篩撒上高筋麵粉，更
可帶出質樸粗獷感覺。

烘烤完成

14 用上火230℃／下火220℃，
入爐後開蒸氣3秒，烤焙3
分鐘後，再蒸氣3秒，烤約
12分鐘，關上火，再續烤8
分鐘。

關於「自我分解法」

這是製作法國麵包麵團
常用的方法之一。自我
分解法，又稱水合法
（Autolyse）。此法開
始是先混合材料中部分
的粉類、水，待短時的
靜置一段時間，讓麵粉
吸收水分產生筋性後，
再加入酵母、鹽等其他
材料繼續揉和的製作方
法。此種製法可讓麵粉
完全吸收水分，發展出
筋性，讓麵團的延展性
更佳，能縮短最終攪拌
的時間。

European Bread

大納言葡萄鄉村

大納言紅豆指的是濕潤蜜紅豆，蜜紅豆的甜度和葡萄乾的酸甜相輔相成，
核桃則增添了來脆口感，和洋混搭交織出的味覺饗宴，

	終溫 **22**℃	基本發酵 **90**分	中間發酵 **30**分	最後發酵 **40**分	烤焙 **15**分

Ingredients

液種（7個）

高筋麵粉 —— 200g
水 —— 200g
新鮮酵母 —— 1g

主麵團

Ⓐ 高筋麵粉 —— 590g
　全麥粉 —— 210g
　鮮奶 —— 340g
　水 —— 180g
　細砂糖 —— 80g
　鹽 —— 10g
　新鮮酵母 —— 18g
　發酵奶油 —— 80g
Ⓑ 酒漬黃金葡萄乾 —— 300g
　核桃 —— 120g

外皮

法國粉 —— 800g
全麥粉 —— 100g
裸麥粉 —— 100g
低糖乾酵母 —— 3g
鹽 —— 14g
水 —— 600g

內餡（每份）

蜜紅豆 —— 50g
奶油起司 —— 50g

Step by Step

酒漬黃金葡萄

01 黃金葡萄乾（150g）、葡萄乾（150g）、杏仁酒60%（40g）浸泡約3天後入味使用。

外皮

02 外皮麵團的製作參見P72-75「金桔花開」作法2-3。

液種

03 將所有材料混合攪拌至無粉粒成粗膜（產生韌性，但還沒產生筋性）。

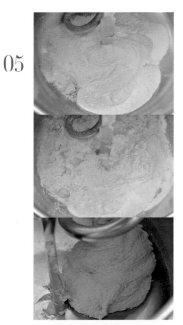

發酵後

04 室溫發酵8小時。

主麵團

05 將作法④液種、材料Ⓐ慢速攪拌均勻至6分筋。

06

加入奶油攪拌至8分筋。

07

麵團延展狀態

確認筋度。

08

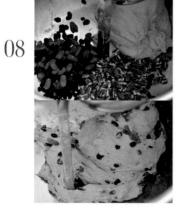

最後加入材料Ⓑ攪拌均勻
（終溫22℃）。

09

將麵團整理成表面平滑的
圓球狀，基本發酵45分
鐘。將麵團輕拍平整，由
底、前側向中間折疊1/3，
轉縱向，輕拍，再由底側
向中間連續對折（壓平排
氣、翻麵），繼續發酵約
45分鐘。

10 將麵團分割成300g、外皮
麵團50g，滾圓成表面平滑
圓形，中間發酵30分鐘。

11

內層。將麵團輕拍壓出氣
體，光滑面朝下，平均鋪
放蜜紅豆（約50g），在
三側處放上奶油起司（約
50g）。

12

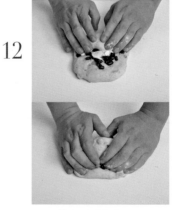

從內側往中間折起，按壓
折疊的接合處使其貼合。

13

再向外連續折起收合於底
成橢圓狀，稍搓揉兩端整
型。

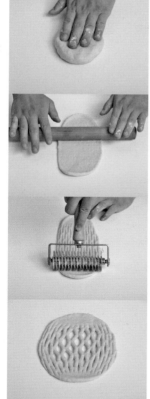

14

外皮。外皮麵團輕拍後擀
成橢圓片，用拉網刀切劃
出網狀。

15

將網狀外皮稍拉開，覆蓋
在作法⑬麵團表面，並將
網狀麵皮收合於底。

16

發酵前

發酵後

將麵團收口朝下，放置折
凹槽的發酵帆布上，最後
發酵40分鐘。

烘烤完成

17 用上火210℃／下火200℃，
入爐後開蒸氣3秒，烤約15
分鐘。

關於「液種法」

液種法，又稱波蘭法
（Poolish）。是將材料
中等量的麵粉和水加上
少量的酵母混拌後，經
低溫與長時間發酵，使
液態酵種充滿活性力，
隔日再添加入其餘材料
混合攪拌的製法。液種
的水分較多，能提升酵
母的活性，可縮短主麵
團發酵的時間，成製的
麵包質地細緻、帶濃郁
小麥香氣。很適合低糖
油含量的麵包製作。

European Bread

熊本味噌培根蔥麵包

把味噌餡與香蔥餡塗抹表層回烤，配料的鹹香完整融入與麵包結合一起，
再被高溫烘烤得焦脆的表層餡料，散發出的香氣令人無以抗拒。

| | 終溫 **23.5**℃ | 基本發酵 **12-16**小時 | 中間發酵 **25**分 | 最後發酵 **40**分 | | 烤焙 **23**分 | |

Ingredients

麵團（8個）

法國粉 ——— 1000g
麥芽精 ——— 2g
冰水 ——— 700g
・水50%
・冰塊50%
低糖乾酵母 ——— 2g
鹽 ——— 18g

內餡（每份）

香煎培根 ——— 1條

蔥餡

青蔥 ——— 400g
鹽 ——— 2g
豬油 ——— 100g
蛋白 ——— 30g

味噌餡

紅味噌 ——— 100g
全蛋 ——— 100g
發酵奶油 ——— 100g

Step by Step

1

前置處理

01 將切碎的青蔥與其他材料混合拌勻，做成蔥餡。

02 將奶油、味噌先攪拌均勻，分次加入全蛋混合拌勻，做成味噌餡。

攪拌麵團

03 將法國粉、麥芽精、冰水用低速攪拌均勻。

日式口感的歐法麵包　風味歐包 *European Bread*

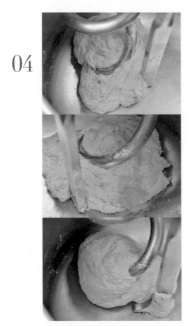

04

表面撒上低糖乾酵母，靜置，進行自我分解約30分鐘，再低速攪拌至酵母混拌均勻。

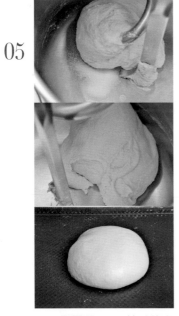

05

加入鹽攪拌至7分筋（終溫23.5℃）。

06

確認筋度。

光滑薄膜

基本發酵

07 將麵團整理成表面平滑的圓球狀，基本發酵45分鐘，壓平排氣、翻麵冷藏發酵約12-16小時。

\ Point /

壓平排氣、翻麵的操作參見「北海道玉米法國」P30-33，作法6-7。

分割滾圓、中間發酵

08

將麵團分割成200g，捲折成椭圓狀，中間發酵25分鐘。

整型、最後發酵

09

將麵團輕拍壓出氣體，光滑面朝下，從內側往中間折1/3，用手指按壓折疊的接合處使其貼合。

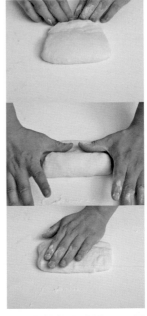

10

再由外側往中間折1/3，用手指按折疊的接合處使其貼合，用手掌的根部按壓接合處密合，輕拍均勻。

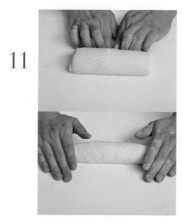

11

再由外側往內對折，滾動按壓接合處密合，由中心往兩側搓揉成橢圓棒狀。

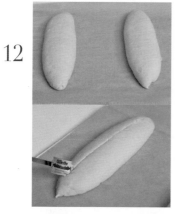

12

將麵團收口朝下，放置折凹槽的發酵帆布上，最後發酵約40分鐘。用割紋刀斜劃1刀口。

13

用上火230℃／下火220℃，入爐後開蒸氣3秒，烤焙3分鐘後，再蒸氣3秒，烤約10分鐘，關上火，再續烤10分鐘。

14

培根煎至金黃焦香。

15

將麵包縱切劃開（不切斷），放入香煎培根，在表面塗抹味噌餡。

16

鋪放上蔥餡。

17

用上火180℃／下火180℃，再烤焙6分鐘。

關於變化吃法

也可將法國麵包切成片狀後塗抹上明太子醬（P69）回烤後食用；或者是將全蛋與起司醬（P184）調勻後沾裹麵包，放入平底鍋中煎至金黃焦香，盛起後淋上蜂蜜佐食也很美味。

1

日式口感的歐法麵包

風味歐包 European Bread

European Bread

芥末籽脆腸法國

相當受歡迎的脆腸棍子麵包。內層餡料是德式脆腸以及與它十分對味的芥末籽醬，
加上少許乾燥香料，更是美味無可擋。

| 終溫 **23.5**℃ | 基本發酵 **90**分 | 中間發酵 **25**分 | 最後發酵 **0**分 | 烤焙 **15**分 | |

Ingredients

液種 (16個)

法國粉——300g
水——300g
低糖乾酵母——0.1g

主麵團

法國粉——700g
低糖乾酵母——5g
麥芽精——2g
水——380g
鹽——20g

內餡 (每份)

德式脆腸——1根
芥末籽醬——適量

Step by Step

| 液種 | 主麵團 |

01

發酵後

將所有材料混合攪拌至無粉粒成粗膜(產生韌性,但還沒產生筋性),室溫發酵8小時。

02

將作法①液種、材料(鹽除外)慢速攪拌均勻至6分筋。加入鹽攪拌至8分筋,(終溫23.5℃)。

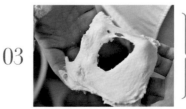

03 形成粗薄膜

確認筋度。

1

日式口感的歐法麵包

風味歐包 *European Bread*

04 麵團整理成表面平滑的圓球狀，基本發酵45分鐘。

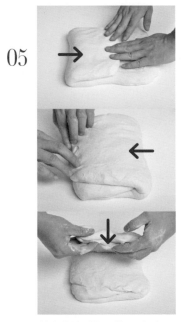

05 將麵團輕拍平整，由左向中間折疊1/3，再由右向中間折疊1/3，轉向，輕拍，再由底向中間對折（壓平排氣、翻麵），繼續發酵約45分鐘。

06 將麵團分割成50g，捲折成橢圓狀，中間發酵25分鐘。

07 **短棒型**。備妥德式脆腸、芥末籽醬。

08 將麵團輕拍壓出氣體，光滑面朝下，在中間抹入芥末籽醬、鋪放德式脆腸。

09 將兩側的麵皮朝中間拉起先密合。

10 再沿著接合口捏合包覆住脆腸，稍滾動收合。

11 用割紋刀在表面斜劃5刀口（深度可見脆腸即可）。

12 **麥穗型**。將麵團（100g）依法整型成棒狀後，用剪刀斜斜地剪出左、右交錯4切口，即成麥穗款。

13 用上火210℃／下火190℃，入爐後開蒸氣3秒，烤約15分鐘。

短棒型

麥穗型

整型好不須最後發酵

讓麵團緊密包覆德腸烘烤後能形成酥脆的口感。

European Bread

甜薯桔香法國

香甜的番薯與酒漬桔子丁，充滿濃濃和風感的魅力組合。
整型時，要讓切面朝上編結，烘烤成型後較美觀有型。

終溫 **23.5**℃	基本發酵 **90**分	中間發酵 **25**分	最後發酵 **45**分	烤焙 **18**分	

Ingredients

液種（6個）

法國粉 —— 150g
水 —— 150g
低糖乾酵母 —— 0.1g

主麵團

法國粉 —— 350g
低糖乾酵母 —— 3g
麥芽精 —— 1g
水 —— 190g
鹽 —— 9g

番薯桔丁

Ⓐ 桔子丁 —— 50g
　君度橙酒60% —— 5g
Ⓑ 番薯（蒸熟）—— 450g
　細砂糖 —— 50g
　發酵奶油 —— 50g

Step by Step

番薯桔丁

01

桔子丁、君度橙酒混合拌勻，室溫靜置3天入味後使用，即成酒漬蜜桔丁。

02

將蒸熟番薯趁熱與細砂糖、發酵奶油拌勻，再加入作法①酒漬蜜桔丁拌勻即可。

液種

03

將所有材料混合攪拌至無粉粒成粗膜（產生韌性，但還沒產生筋性），室溫發酵8小時。

主麵團	基本發酵	分割滾圓、中間發酵

04

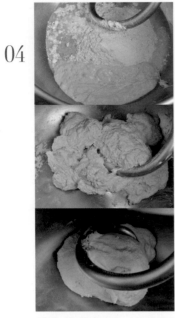

將作法③液種、主麵團所有材料（鹽除外）慢速攪拌均勻至6分筋，加入鹽攪拌至8分筋，（終溫23.5℃）。

05

麵團延展狀態

確認筋度。

06

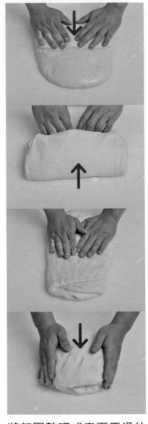

將麵團整理成表面平滑的圓球狀，基本發酵45分鐘。將麵團輕拍平整，由底向中間折疊1/3，再由前向中間折疊1/3，轉向，輕拍，再由底向中間對折（壓平排氣、翻麵），繼續發酵約45分鐘。

07 將麵團分割成120g，捲折成橢圓狀，中間發酵25分鐘。

\ Point /

靜置的過程為避免水分的蒸發，可在表面覆蓋濕布，防止麵團乾燥（否則會妨礙膨脹發酵）。

整型、最後發酵

08

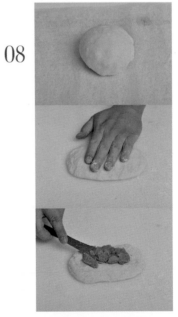

將麵團輕拍壓出氣體，光滑面朝下，在表面鋪放上番薯桔丁餡（約50g）。

09

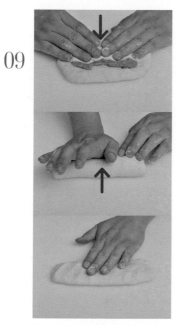

將麵皮從內側往中間折 1/3，按壓折疊的接合處使其貼合，再由外側往中間折1/3，用手指按壓折疊的接合處使其貼合。用手掌的根部按壓接合處密合，輕拍按壓。

10

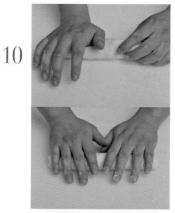

再由外側往內對折，滾動將重疊的部分確實按壓密合，由中心往兩側搓成長棒狀。

11

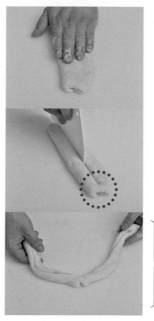

切口斷面朝上

輕拍壓扁，用切麵刀縱切為二（不切斷），以切口面朝上。

12

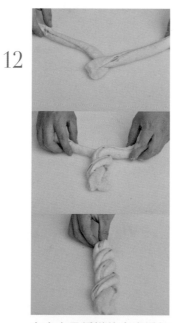

左右交叉編辮的方式編結到底，收合於底部。

13

再由兩側朝中間擠壓縮短整型。

14

放置折凹槽的發酵帆布上，最後發酵約45分鐘，表面篩撒上裸麥粉。

烘烤完成

15 用上火210℃／下火200℃，入爐後開蒸氣3秒，烤約18分鐘。

European Bread

墨魚海味魔杖

加入風味的墨魚粉、洋蔥粉成製出烏黑又具深魅力的棍子麵包，
內餡是搭配味道與麵團很合的花枝丸，與香濃的起司丁，強烈的色澤與風味為一大特色。

| 終溫 **23.5**℃ | 基本發酵 **90**分 | 中間發酵 **25**分 | 最後發酵 **40**分 |  烤焙 **15**分 | |

Ingredients

麵團（4個）

Ⓐ 高筋麵粉——500g
　水——350g
　麥芽精——1g
　低糖乾酵母——5g
　鹽——9g
Ⓑ 墨魚粉——5g
　洋蔥粉——15g

內餡（每份）

花枝丸——30g
高熔點起司丁——20g

Step by Step

攪拌麵團	基本發酵

01

將所有材料攪拌混合均勻成團至約8分筋（終溫23.5℃）。

02

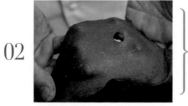

麵團延展狀態

確認筋度。

03

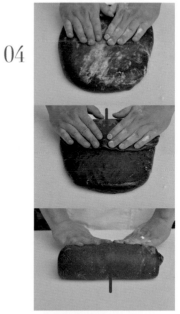

將麵團整理成表面平滑的圓球狀，基本發酵45分鐘。

04

再將麵團輕拍平整，由底向中間折疊1/3，再由前向中間折疊1/3。

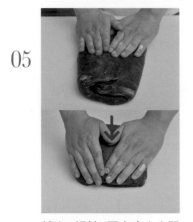

05 轉向,輕拍,再由底向中間
對折(壓平排氣、翻麵),
繼續發酵約45分鐘。

分割滾圓、中間發酵

06 將麵團分割成180g,捲折
成橢圓狀,中間發酵25分
鐘。

整型、最後發酵

07 將花枝丸氽燙煮熟後十字
對切成4小片。

08 將麵團輕拍壓出氣體。

09 用擀麵棍擀壓成橢圓片
狀,光滑面朝下,並在底部
稍延壓開(幫助黏合)。

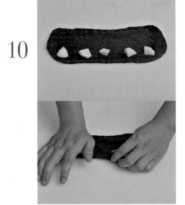

10 在表面鋪放花枝丸丁(約
30g),從外側往中間折
1/3,按壓折疊的接合處使
其貼合。

11 再鋪放上高熔點起司丁
(約20g)。

12 再由外側往中間折1/3,
按壓折疊的接合處使其貼
合,用手掌的根部按壓接
合處密合,滾動將重疊的
部分確實按壓密合,由中
心往兩側搓成長棒狀。

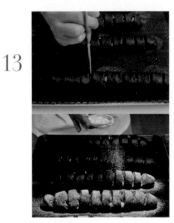

13 將麵團收口朝下放置烤盤
上,用剪刀等距的剪出刀
口(不剪斷),最後發酵
約40分鐘。篩撒上裸麥粉
即可。

烘烤完成

14 用上火210℃/下火200℃,
入爐後開蒸氣3秒,烤焙15
分鐘。

European Bread

蜂蜜堅果土耳其

加入蜂蜜麻糬丁帶出淡淡的甜美香氣，
搭配飽含水分的黑芝麻，
帶出深層的香氣與口感；
純樸的口感中保有天然香氣滋味。

終溫 **22℃** | 基本發酵 **90分** | 中間發酵 **30分** | 最後發酵 **40分** 烤焙 **16分**

Ingredients

液種（2個）

高筋麵粉 —— 250g
新鮮酵母 —— 0.5g
水 —— 275g

主麵團

Ⓐ 法國粉 —— 250g
　 低糖乾酵母 —— 4g
　 蜂蜜 —— 75g
　 鹽 —— 10g
　 煉乳 —— 25g
　 蛋黃 —— 20g
　 水 —— 30g
Ⓑ 發酵奶油 —— 40g
Ⓒ 蜂蜜麻糬丁 —— 100g
　 熟黑芝麻（泡水）—— 30g

＊黑芝麻需事先烤過後，與水浸泡
　約30分鐘待飽足水分再使用。

Step by Step

| 液種 |

01 將所有材料混合攪拌至無粉粒成粗膜（產生韌性，但還沒產生筋性），室溫發酵8小時。

| 主麵團 |

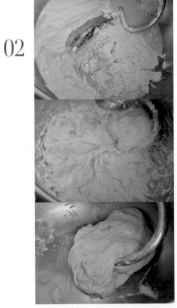

02 將作法①液種、材料Ⓐ慢速攪拌均勻。

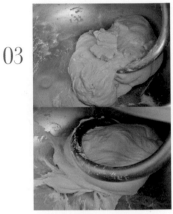

03 加入奶油攪拌至8分筋。

04 確認筋度。

麵團延展狀態

05 最後加入材料Ⓒ攪拌均勻（終溫22℃）。

基本發酵

06

將麵團整理成表面平滑的圓球狀,基本發酵45分鐘。再將麵團輕拍平整,由底向中間折疊1/3,再由前向中間折疊1/3,轉向,輕拍,再由底向中間對折(壓平排氣、翻麵),繼續發酵約45分鐘。

分割滾圓、中間發酵

07　將麵團分割成450g,滾圓成表面平滑圓形,中間發酵30分鐘。

整型、最後發酵

08

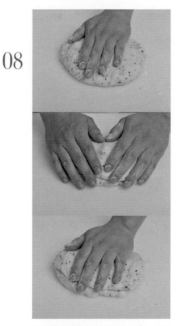

將麵團輕拍壓出氣體,對折後輕拍。

09

再折疊捲折往底部收合成圓球狀。

10

將麵團收口朝下,放置發酵帆布上,最後發酵40分鐘。表面篩撒上裸麥粉,用割紋刀切割出井字刀口。

烘烤完成

11　用上火210℃/下火200℃,入爐後開蒸氣3秒,烤約3分鐘,再蒸氣3秒,調整上火200℃,再烘烤10分鐘,關閉上火續烤約3分鐘。

關於口味變化

鄉村麵包可以做各式口味的應用變化,像是茶香風味的鄉村麵包,以及加入酒漬果乾與堅果等風味。

European Bread

蒜味鹽烤波特多

結合馬鈴薯泥調製的蒜味內餡，整型成圓滾滾的球形狀，
表面剪出深及內餡的十字刀口，隱約可見的蒜香內餡，如熔岩般相當誘人。

	終溫	基本發酵	中間發酵	最後發酵		烤焙	
	23.5℃	**90**分	**25**分	**40**分		**15**分	

Ingredients

液種（8個）

法國粉 —— 150g
水 —— 150g
低糖乾酵母 —— 0.1g

主麵團

法國粉 —— 350g
低糖乾酵母 —— 2.5g
麥芽精 —— 1g
水 —— 190g
鹽 —— 9g

內餡

蒸熟馬鈴薯 —— 500g
橄欖油 —— 5g
發酵奶油 —— 12g
蒜末 —— 25g
起司粉 —— 25g
海鹽 —— 1g

裝飾

美奶滋
巴西里
海苔粉

Step by Step

馬鈴薯餡

01

將去皮蒸熟的馬鈴薯趁熱與橄欖油、發酵奶油搗壓均勻成細泥，加入蒜末、起司粉、海鹽拌勻即可。

液種

02

將所有材料混合攪拌至無粉粒成粗膜（產生韌性，但還沒產生筋性），室溫發酵8小時。

主麵團

03

將作法②液種、主麵團所有材料（鹽除外）慢速攪拌均勻至6分筋，加入鹽攪拌至8分筋，（終溫23.5℃）。

04

麵團延展狀態

確認筋度。

1
日式口感的歐法麵包

風味歐包 European Bread

基本發酵

05 將麵團整理成表面平滑的圓球狀,基本發酵45分鐘。

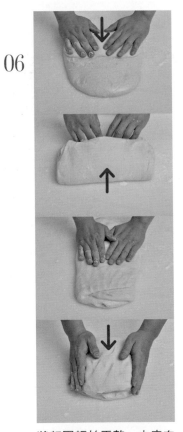

06 將麵團輕拍平整,由底向中間折疊1/3,再由前向中間折疊1/3,轉向,輕拍,再由底向中間對折(壓平排氣、翻麵),繼續發酵約45分鐘。

分割滾圓、中間發酵

07 將麵團分割成120g,捲折成橢圓狀,中間發酵25分鐘。

整型、最後發酵

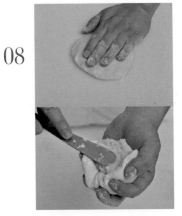

08 將麵團輕拍壓出氣體,在中間處按壓抹入馬鈴薯餡(約50g)。

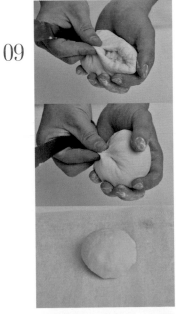

09 將麵皮朝中間拉起,包覆住內餡,捏合收口,整型成圓球狀。

10 將麵團收口朝下,放置發酵帆布上,最後發酵約40分鐘。在表面篩撒上裸麥粉,用剪刀在表面剪出十字刀口(刀口深及內餡)。

\ Point /

先橫剪一刀,再垂直轉向,從開口的左右各剪一刀,就能剪出漂亮的十字形。

烘烤完成

11 用上火210℃/下火200℃,入爐後開蒸氣3秒,烤約15分鐘。

12 在表面擠上美奶滋,放上巴西里、撒上海苔粉即可。

European Bread

培根橄欖普羅旺斯

源於法國南方的葉子形狀麵包,將麵團擀薄後烘烤,
趁熱淋上橄欖油享用,相當美味。
除了可以加入香草、黑橄欖、培根外,
也可以添加黑胡椒、鯷魚、起司粉等,都是絕佳的搭配。

| | 終溫 **23.5**℃ | 基本發酵 **480**分 | 中間發酵 **25**分 | 最後發酵 **0**分 | | 烤焙 **20**分 | |

Ingredients

麵團（8個）

法國粉——1000g
麥芽精——2g
冰水——690g
・水50%
・冰塊50%
低糖乾酵母——2g
鹽——18g

內餡（每份）

培根——1條

表面用

迷迭香橄欖油
起司粉
黑橄欖（切片）

Step by Step

| 攪拌麵團 |

01
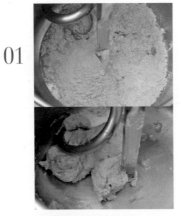

將法國粉、麥芽精、冰水
用低速攪拌均勻。

02

在表面撒上低糖乾酵母，
靜置，進行自我分解約30
分鐘，再低速攪拌至酵母
混拌均勻。

03
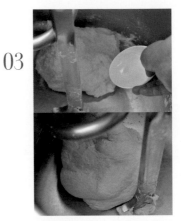

加入鹽攪拌至7分筋（終溫
23.5℃）。

04

確認筋度。

麵團延展狀態

| 基本發酵 |

05

將麵團整理成表面平滑
狀，基本發酵45分鐘，壓
平排氣、翻麵冷藏發酵約8
小時（壓平排氣、翻麵的
操作參見「北海道玉米法
國」P30-33，作法6-7）。

分割滾圓、中間發酵

06

將麵團分割成200g，滾圓成表面平滑圓形，中間發酵25分鐘。

整型

07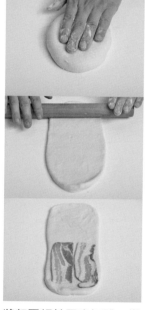

將麵團輕拍壓出氣體，擀壓成長方片狀，在表面1/2處鋪放上對切成二的培根。

08

對折

再將下方麵皮往上對折，沿著邊稍按壓貼合後，擀壓平成葉片形。

09

往兩側整型

放入烤盤，在表面切割出葉脈刀紋，整型。

10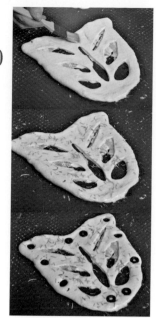

在表面塗刷迷迭香橄欖油，撒上起司粉，放入黑橄欖片稍按壓固定。

烘烤完成

11 用上火220℃／下火210℃，入爐後開蒸氣3秒，烤焙20分鐘。

迷迭香橄欖油

材料：橄欖油800g、乾燥迷迭香50g、蒜頭碎150g

作法：將所有材料加熱煮至沸騰，放置1天待完全入味使用。

Natural Yeast

紅藜湯種麥穗

麵包麵團中搭配湯種，結合培根製作再搭配羊乾酪醬，
獨特香味會滲到麵團裡，香氣十足。
整型時將揉成細長條的麵團，用剪刀於兩側剪出交錯的切口，
左右交錯擺開，烤好後就會呈現麥穗形狀。

終溫	基本發酵	中間發酵	最後發酵	烤焙
23.5℃	**90**分	**25**分	**40**分	**15**分

Ingredients

麵團（7個）

法國粉——500g
細砂糖——5g
湯種（P23）——100g
水——340g
低糖乾酵母——4g
鹽——9g

內餡（每份）

培根——1條
希臘菲達起司——10g
（Feta Cheese）

表面用

紅藜麥——適量

Step by Step

1

日式口感的歐法麵包

天然酵母麵包 *Natural Yeast*

攪拌麵團

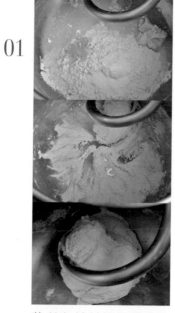

01

將所有材料攪拌混合均
勻成團至約8分筋（終溫
23.5℃）。

02

麵團延展狀態

確認筋度。

基本發酵

03

將麵團整理成表面平滑的
圓球狀，基本發酵45分
鐘。

04

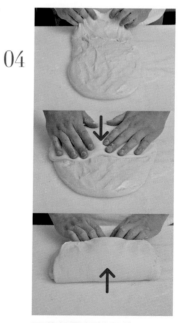

再將麵團輕拍平整，由底
向中間折疊1/3，再由前向
中間折疊1/3。

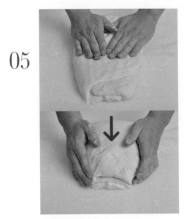

05

轉向，輕拍，再由底向中間
對折（壓平排氣、翻麵），
繼續發酵約45分鐘。

分割滾圓、中間發酵

06 將麵團分割成120g，滾圓
成表面平滑圓形，中間發
酵25分鐘。

整型、最後發酵

07

將麵團輕拍壓出氣體，光
滑面朝下，在表面鋪放上
培根、希臘菲達起司。

08

從外側往中間折1/3，按壓
折疊的接合處使其貼合，
再由外側往中間折1/3，用
手掌的根部按壓接合處密
合，滾動將重疊的部分確
實按壓密合，並往兩側搓
成長棒狀。

09

表面噴上水霧，沾裹紅藜
麥。

10

收口朝下，放置折凹槽的
發酵帆布上，最後發酵約
40分鐘。用剪刀斜呈45度
角、等間距剪出5刀口（剪
刀的角度盡可能與麵團呈
平行，剪出的斜V刀口，
烤焙成型的麥穗較為美
觀）。

\ Point /

發酵帆布折成凹槽可隔
開麵團，可避免麵團變
形或往兩側塌陷。

烘烤完成

11 用上火210℃／下火200℃，
入爐後開蒸氣3秒，烤焙15
分鐘。

Natural Yeast

海苔雙起司法國

利用法國麵包的麵團,製成帶有餡餅風格的雙餡起司麵包。
包入兩種起司做雙餡,表面用海苔絲點綴,
飽滿香氣的起司燒就大功告成了,
內餡也可改用鮪魚餡、或燻雞餡來做口味變化。

終溫 **23.5**℃ | 基本發酵 **8-16**小時 | 中間發酵 **25**分 | 最後發酵 **40**分 | 烤焙 **15**分

Ingredients

麵團（8個）

法國粉 ——— 500g
麥芽精 ——— 1g
冰水 ——— 310g
　‧水50%
　‧冰塊50%
魯邦種（P18）——— 50g
低糖乾酵母 ——— 2g
鹽 ——— 9g

內餡（每份）

奶油起司 ——— 20g
高熔點起司丁 ——— 20g

表面用

海苔絲

Step by Step

攪拌麵團

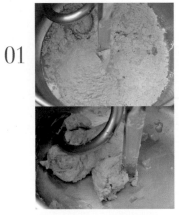

01 將法國粉、麥芽精、冰水、魯邦種用低速攪拌均勻。

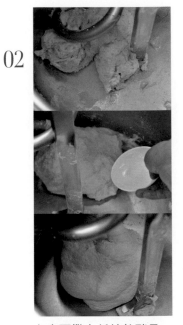

02 在表面撒上低糖乾酵母，靜置，進行自我分解約30分鐘，再低速攪拌至酵母混拌均勻，加入鹽攪拌至8分筋（終溫23.5℃）。

03 確認筋度。

麵團延展狀態

基本發酵

04 將麵團整理成表面平滑的圓球狀，基本發酵45分鐘，壓平排氣、翻麵繼續發酵約8-16小時。

\ Point /

壓平排氣、翻麵的操作參見「北海道玉米法國」P30-33，作法6-7。

分割滾圓、中間發酵

05 將麵團分割成100g，滾圓成表面平滑圓形，中間發酵25分鐘。

整型、最後發酵

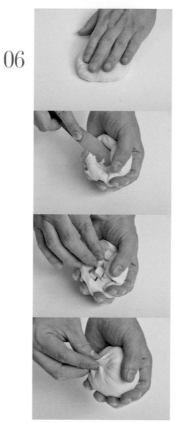

06

將麵團輕拍壓出氣體成圓扁狀，包入奶油起司（約20g）、高熔點起司丁（約20g），捏緊收合成圓球狀。

07 將烤盤鋪放不沾布，放入海苔絲成圓形狀，備用。

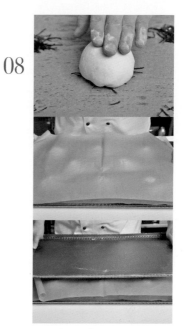

08

麵團收口朝下，放置海苔絲上，稍按壓整型，最後發酵約40分鐘。表面鋪放烤焙布，壓蓋上烤盤。

烘烤完成

09 用上火200℃／下火220℃，烤焙8分鐘，取出上方烤盤，續烤約7分鐘。

\ Point /

為表現出白麵包的特色，以低溫、燜烤方式烘烤，別讓麵團的表面烤出焦黃色。

Natural Yeast

藍紋明太子花冠

使用法國粉搭配法國老麵製作，口味簡單，內裡包覆香氣濃厚特別的藍紋明太子餡，
烘烤出來具獨特的滋味與香氣，越嚼越能散發出獨特的風味。

| 終溫 **23.5℃** | 基本發酵 **90分** | 中間發酵 **25分** | 最後發酵 **40分** | 烤焙 **18分** | |

Ingredients

麵團（3組）

法國粉 —— 500g
麥芽精 —— 1g
水 —— 325g
低糖乾酵母 —— 4g
法國老麵（P22）—— 75g
鹽 —— 10g

外皮

法國粉 —— 400g
全麥粉 —— 50g
裸麥粉 —— 50g
低糖乾酵母 —— 1.5g
鹽 —— 7g
水 —— 270g

藍紋明太子

奶油起司 —— 180g
藍紋乳酪 —— 20g
明太子 —— 50g
洋蔥碎 —— 50g
黑胡椒粒 —— 2g
檸檬汁 —— 5g

Step by Step

藍紋明太子

01

將所有材料（檸檬汁除外）攪拌混合均勻，加入檸檬汁拌勻即可。

外皮

02

在攪拌缸中倒入粉類，加入水與其他所有材料攪拌均勻至8分筋。

03
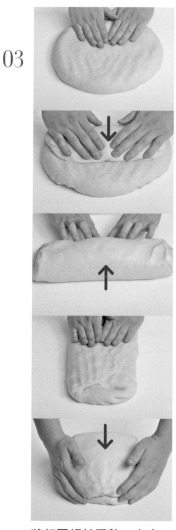

將麵團輕拍平整，由底、前向中間各折疊1/3，轉縱向，輕拍，再底向中間對折（壓平排氣、翻麵），繼續發酵約45分鐘。

攪拌麵團

04

在攪拌缸中放入所有材料攪拌混合均勻成團至7分筋（終溫23.5℃）。

基本發酵

05

將麵團整理成表面平滑的圓球狀，基本發酵45分鐘。

06

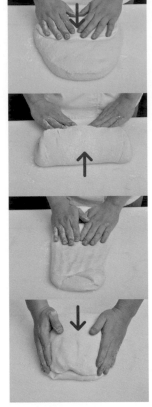

再將麵團輕拍平整，由底向中間折疊1/3，再由前向中間折疊1/3，轉向，輕拍，再由底向中間對折（壓平排氣、翻麵），繼續發酵約45分鐘。

分割滾圓、中間發酵

07

將麵團分割成40g×6、外皮80g，滾圓成表面平滑圓形，中間發酵25分鐘。

整型、最後發酵

08

將麵團（40g×6）輕拍壓出氣體，光滑面朝下，用舀餡匙抹入藍紋明太子（約10g），捏合收口，整型成圓球狀，完成6個為1組。

09

將外皮麵團（80g）稍拍平後擀成圓形片，在中心處往外切劃出「＊」字形（不切斷）。

10

用毛刷在表面周圍塗刷薄薄的橄欖油，再將作法⑧麵團收口朝上，擺放在切口形成的三角處。

11

再將底部外皮反折貼合麵團上，形成花冠狀。

12

翻面放置（外皮朝上），最後發酵40分鐘。在表面鋪放上圖紋版型，篩撒裸麥粉。

烘烤完成

13 用上火220℃／下火210℃，入爐後開蒸氣3秒，烤約3分鐘，再蒸氣3秒續烤15分鐘。

1 —— 日式口感的歐法麵包

天然酵母麵包 *Natural Yeast*

71

Natural Yeast

金桔花開

使用魯邦種製作，揉入堅果與水果乾帶出層次口感。
香氣強烈的果乾風味，
咀嚼的同時能感受別有的嚼勁與散發的香甜氣息。

| | 終溫 **23.5**℃ | 基本發酵 **90**分 | 中間發酵 **25**分 | 最後發酵 **50**分 | | 烤焙 **16**分 | |

Ingredients

液種（6個）

法國粉 ── 300g
水 ── 300g
魯邦種（P18）── 200g

主麵團

Ⓐ 法國粉 ── 600g
　全麥粉 ── 50g
　裸麥粉 ── 50g
　低糖乾酵母 ── 5g
　麥芽精 ── 3g
　蜂蜜 ── 30g
　法國老麵（P22）── 200g
　水 ── 350g
　鹽 ── 15g
Ⓑ 桔子丁 ── 100g
　蔓越莓乾 ── 150g
　藍莓乾 ── 150g
　君度橙酒60% ── 40g
　核桃 ── 180g

外皮

法國粉 ── 800g
全麥粉 ── 100g
裸麥粉 ── 100g
低糖乾酵母 ── 3g
鹽 ── 14g
水 ── 600g

Step by Step

前置處理

01

將所有的材料Ⓑ混合浸漬入味後使用。

外皮

02

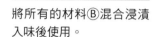

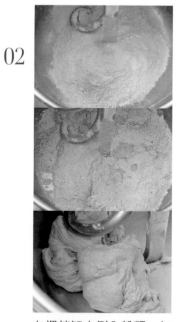

在攪拌缸中倒入粉類，加入水與其他所有材料攪拌均勻至8分筋。

03

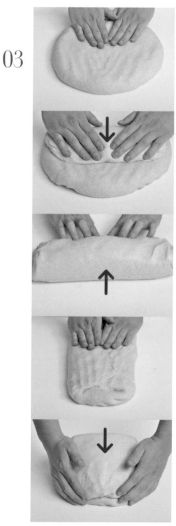

將麵團輕拍平整，由底、前向中間各折疊1/3，轉縱向，輕拍，再底向中間對折（壓平排氣、翻麵），繼續發酵約45分鐘。

液種

發酵後

04

將所有材料混合攪拌至無粉粒成粗膜（產生韌性，但還沒產生筋性），室溫發酵8小時。

主麵團

05

將作法④液種、所有材料Ⓐ（鹽除外）慢速攪拌均勻至6分筋。

06

加入鹽拌勻至8分筋。

麵團延展狀態

07

確認筋度。

08

再加入作法①攪拌均勻即可（終溫23.5℃）。

基本發酵

09

將麵團整理成表面平滑的圓球狀，基本發酵45分鐘。

10

將麵團輕拍平整，由底、前側向中間折疊1/3，轉縱向，輕拍，再由底側向中間連續對折（壓平排氣、翻麵），繼續發酵約45分鐘。

分割滾圓、中間發酵

11

分割內層麵團300g、外皮麵團100g，滾圓成表面平滑圓形，中間發酵25分鐘。

整型、最後發酵

12

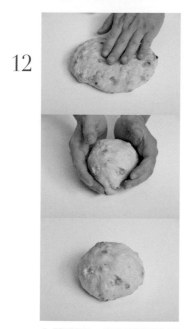

內層麵團。將麵團輕拍壓出氣體，折疊捲折收合成圓球狀。

13

外皮。將外皮麵團輕拍壓出氣體，擀成圓片狀。

14

光滑面朝下，在表面中心處薄刷橄欖油（四周空間預留）。

15

將作法⑫麵團收口朝上放置外皮上，並將四邊的麵皮朝中間拉起，包覆捏合收口，整型圓球狀。

16

放置鋪好烤焙紙的烤盤上，最後發酵50分鐘。表面篩撒上裸麥粉，用割紋刀切劃「米」字刀口。

烘烤完成

17 用上火220℃／下火200℃，入爐後開蒸氣3秒，烤約3分鐘，上火降溫至180℃，再繼續烤約13分鐘。

Natural Yeast

蜜見裸麥洛神

洋溢果乾風味的法式麵包，特別加入蜂蜜凸顯獨特的風味。
芳香的表層外皮，與帶有水果風且具嚼感的柔軟內裡為一大特色，是款帶出味蕾驚喜的風味麵包。

終溫	基本發酵	中間發酵	最後發酵		烤焙	
23.5℃	**90**分	**25**分	**50**分		**16**分	

Ingredients

液種（5個）

高筋麵粉——250g
全麥粉——50g
水——300g
魯邦種（P18）——150g

主麵團

Ⓐ 法國粉——650g
　裸麥粉——50g
　細砂糖——100g
　低糖乾酵母——5g
　蜂蜜——80g
　水——360g
　鹽——15g
Ⓑ 李子乾——150g
　柚子絲——50g
　洛神花蜜餞——100g
　草莓乾——150g
　蔓越莓酒——50g

外皮

法國粉——800g
全麥粉——100g
裸麥粉——100g
低糖乾酵母——3g
鹽——14g
水——600g

Step by Step

前置處理

01

將所有的材料Ⓑ混合浸漬入味後使用。

外皮

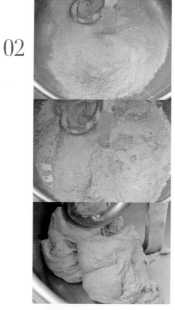

02

在攪拌缸中倒入粉類，加入水與其他所有材料攪拌均勻至8分筋。

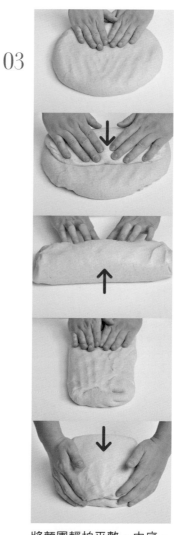

03

將麵團輕拍平整，由底、前向中間各折疊1/3，轉縱向，輕拍，再底向中間對折（壓平排氣、翻麵），繼續發酵約45分鐘。

04

將所有材料混合攪拌至無粉粒成粗膜（產生韌性，但還沒產生筋性），室溫發酵8小時。

發酵後

主麵團

05

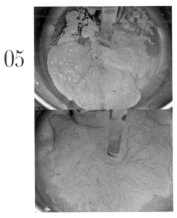

將作法④液種、所有材料Ⓐ（鹽除外）慢速攪拌均勻至6分筋。

06

加入鹽拌勻至8分筋。

07

確認筋度。

麵團延展狀態

08

再加入作法①攪拌均勻即可（終溫23.5℃）。

基本發酵

09

將麵團整理成表面平滑的圓球狀，基本發酵45分鐘。

10

將麵團輕拍平整，由底、前側向中間折疊1/3，轉縱向，輕拍，再由底側向中間連續對折（壓平排氣、翻麵），繼續發酵約45分鐘。

分割滾圓、中間發酵

11　分割內層麵團300g、外皮麵團100g，滾圓成表面平滑圓形，中間發酵25分鐘。

整型、最後發酵

12　**內層麵團**。將麵團輕拍壓出氣體，折疊捲折收合成圓球狀。

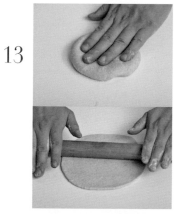

13　**外皮**。將外皮麵團輕拍壓出氣體，擀成圓片狀，光滑面朝下。

14　在表面中心處薄刷橄欖油（四周空間預留）。

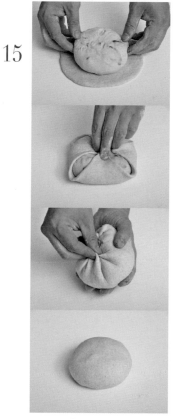

將作法⑫麵團收口朝上放置外皮上，並將四周麵皮朝中間拉起，包覆捏合收口，整型圓球狀。

16　放置鋪好烤焙紙的烤盤上，最後發酵50分鐘。表面篩撒上裸麥粉，用割紋刀切劃「＊」字刀口。

烘烤完成

17　用上火220℃／下火200℃，入爐後開蒸氣3秒，烤約3分鐘，上火降溫至180℃，再繼續烤約13分鐘。

Natural Yeast

酒釀果風鄉村

盡情使用各種顏色的水果乾，把水果乾充分與酒浸漬入味，
能享受麵包簡中的芳醇、甜酸滋味，切下麵包的同時也能從斷面看見分布其中的美味色彩。

終溫	基本發酵	中間發酵	最後發酵	烤焙
22℃	**90**分	**25**分	**40**分	**15**分

Ingredients

麵團（8個）

Ⓐ 高筋麵粉——850g
　裸麥粉——150g
　低糖乾酵母——5g
　麥芽精——3g
　鹽——17g
　魯邦種（P18）——200g
　水——600g
Ⓑ 酒漬綜合水果乾——650g
　核桃——200g

酒漬綜合水果乾

蔓越莓乾——100g
桔子皮——50g
無花果乾——250g
芒果乾——250g
白蘭地——100g
君度橙酒60%——100g

Step by Step

> 酒漬綜合水果乾

01

將所有材料攪拌混合浸漬約3天至完全入味（核桃先焙烤熟，可去除青澀味，釋出堅果的香氣）。

> 攪拌麵團

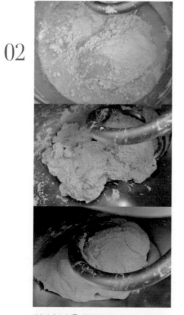

02

將材料Ⓐ攪拌混合均勻至8分筋。

03

確認筋度。

麵團形成粗薄膜

04

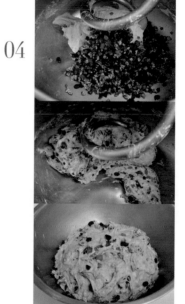

再加入材料Ⓑ攪拌混合均勻（終溫22℃）。

05

將麵團整理成表面平滑的圓球狀，基本發酵45分鐘。

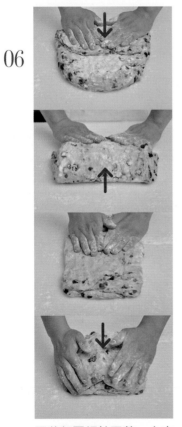

06

再將麵團輕拍平整，由底向中間折疊1/3，再由前向中間折疊1/3，轉向，輕拍，再由底向中間對折（壓平排氣、翻麵），繼續發酵約45分鐘。

分割滾圓、中間發酵

07 將麵團分割成300g，滾圓成表面平滑圓形，中間發酵25分鐘。

整型、最後發酵

08

將麵團輕拍壓出氣體，光滑面朝下，從內側往中間折1/3，按壓折疊的接合處使其貼合，再由外側往中間折1/3，按壓折疊的接合處使其貼合。

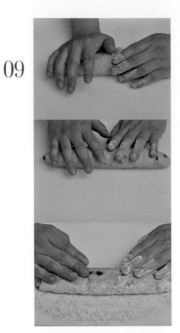

09

按壓接合處密合，輕拍均勻，再由外側往內側對折。滾動按壓接合處密合，由中心往兩側搓成長棒狀，沾裹上裸麥粉。

10

將麵團收口朝下，放置發酵帆布上，最後發酵約40分鐘。用割紋刀在表面兩側對稱的斜劃6刀口。

烘烤完成

11 用上火210℃／下火200℃，入爐後開蒸氣7秒，烤焙15分鐘。

Natural Yeast

洋蔥啤酒酵母法國

利用啤酒酵母製作麵團，風味重點在於以洋蔥乾、培根碎帶出的香氣，
迷人的香氣，嶄新的好食感，不論單吃或再加工回烤都非常好吃。

	終溫	基本發酵	中間發酵	最後發酵		烤焙	
	23.5℃	**90**分	**25**分	**40**分		**20**分	

Ingredients

液種（4個）

法國粉——400g
水——360g
啤酒酵母種（P20）——100g

主麵團

Ⓐ 法國粉——400g
　裸麥粉——100g
　全麥粉——100g
　低糖乾酵母——5g
　鹽——20g
　水——230g
Ⓑ 洋蔥乾——50g
　培根碎（煎過）——150g

Step by Step

液種

01
將所有材料混合攪拌至無粉粒成粗膜（產生韌性，但還沒產生筋性），室溫發酵8小時。

主麵團

02
將作法①液種、材料Ⓐ慢速攪拌均勻至8分筋。

03
確認筋度。

延展出光滑薄膜

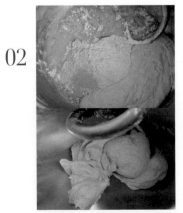

04
先分割取出外皮麵團（400g）。剩餘麵團加入材料Ⓑ攪拌均勻即可（終溫23.5℃）。

基本發酵

05 將麵團整理成表面平滑的圓球狀，基本發酵45分鐘，壓平排氣、翻麵繼續發酵約45分鐘（壓平排氣、翻麵的操作參見「北海道玉米法國」P30-33，作法6-7）。

分割滾圓、中間發酵

06 分割內層麵團300g、外皮麵團100g，滾圓成表面平滑圓形，中間發酵25分鐘。

整型、最後發酵

07

內層麵團。將麵團輕拍壓出氣體，將麵團對折後輕拍。

08

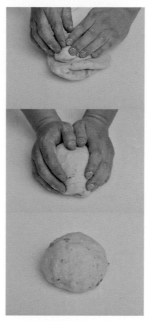

再折疊捲折收合成圓球狀。

09

外皮。將外皮麵團輕拍壓出氣體，擀成圓片狀，光滑面朝下。

10

將作法⑧內層麵團收口上放置外皮上。

11

將麵皮朝中間拉起貼合，包覆收合，整型圓球狀。

12

收合口朝下，放置鋪好烤焙紙的烤盤上，最後發酵40分鐘。表面篩撒上裸麥粉，用割紋刀切劃一刀口。

烘烤完成

13 用上火230℃／下火210℃，入爐後開蒸氣3秒，烤約20分鐘。

Natural Yeast
啤酒抹茶堅果紅豆

和風定番組合的美味。把抹茶、紅豆等元素融合在味道樸素的麵團中，
鎖住清新的甘甜帶出和風口感，再藉由麵包藤籃中的發酵塑型，呈現出一圈圈美麗的圖紋。

終溫
23.5℃

基本發酵
90分

中間發酵
25分

最後發酵
40分

烤焙
18分

Ingredients

<u>液種</u>（4個）

法國粉 —— 300g
水 —— 300g
低糖乾酵母 —— 0.1g

<u>主麵團</u>

高筋麵粉 —— 300g
法國粉 —— 400g
抹茶粉 —— 30g
低糖乾酵母 —— 5g
魯邦種（P18）—— 300g
啤酒酵母種（P20）—— 300g
麥芽精 —— 2g
水 —— 300g
鹽 —— 18g

<u>內餡</u>（每份）

夏威夷豆（烤過）—— 20g
蜜紅豆 —— 50g

Step by Step

液種

01

將所有材料混合攪拌至無粉粒成粗膜（產生韌性，但還沒產生筋性），室溫發酵8小時。

主麵團

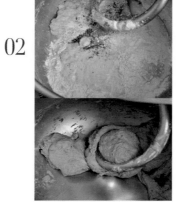

02

將作法①液種、主麵團所有材料（鹽除外）慢速攪拌均勻至6分筋。

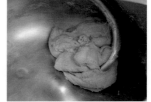

03

加入鹽攪拌至約8分筋即可（終溫23.5℃）。

基本發酵

04

麵團整理成表面平滑的圓球狀，基本發酵45分鐘。

05

將麵團輕拍平整，由底向中間折疊1/3。

1

日式口感的歐法麵包

天然酵母麵包 *Natural Yeast*

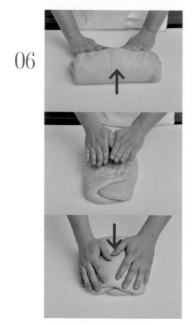

06

再由前向中間折疊1/3，轉向，輕拍，再由底向中間對折（壓平排氣、翻麵），繼續發酵約45分鐘。

分割滾圓、中間發酵

07 將麵團分割成450g，滾圓成表面平滑圓形，中間發酵25分鐘。

整型、最後發酵

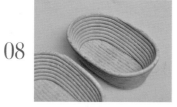

08 用篩網在藤籃內篩滿裸麥粉。

09 將麵團輕拍壓出氣體，光滑面朝下，在表面鋪放上蜜紅豆（約50g）、夏威夷豆（約15g）。

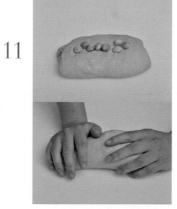

10 將麵團由內側往中間折起1/3，稍按壓使其貼合，再將外側往中間折起1/3，稍按壓接合處，均勻輕拍。

11 在接合表面鋪放上夏威夷豆（約5g），再從外側往內側對折捲起。

12 按壓密合，收合於底，滾動收合成橢圓狀。

13 將麵團收口朝上放置藤籃中，輕按壓使麵團貼合藤籃，最後發酵40分鐘。

14 倒扣在烤盤上，用割紋刀在表面斜劃三刀口。

烘烤完成

15 用上火210℃／下火190℃，入爐後開蒸氣3秒，烤約3分鐘，再蒸氣3秒，烤約15分鐘。

Natural Yeast

番茄哈姆披薩餃

外層酥脆有嚼勁，內裡餡料處柔軟有彈性，
是款別有風味口感的披薩麵包。
內餡是經典的番茄紅醬、火腿片與起司，
若改為其他番茄肉醬也很對味。

| | 終溫 **23.5**℃ | 基本發酵 **8-16**小時 | 中間發酵 **25**分 | 最後發酵 **40**分 | | 烤焙 **18**分 | |

Ingredients

<u>麵團</u>（6個）

法國粉——500g
麥芽精——1g
冰水——310g
・水50%
・冰塊50%
魯邦種（P18）——50g
低糖乾酵母——2g
鹽——9g

<u>內餡</u>（每份）

市售番茄糊
義大利香料
沙拉米（Salami）

莫札瑞拉起司球
黑胡椒粒
披薩絲

Step by Step

攪拌麵團

01
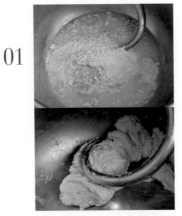

將法國粉、麥芽精、冰水、魯邦種用低速拌勻。

02

在表面撒上低糖乾酵母，靜置，進行自我分解約30分鐘，再低速攪拌至酵母混拌均勻後，加入鹽攪拌至7分筋（終溫23.5℃）。

03

形成粗薄膜

確認筋度。

基本發酵

04
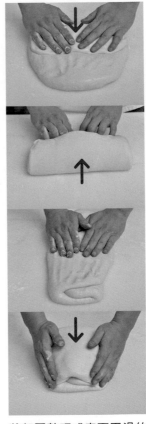

將麵團整理成表面平滑的圓球狀，基本發酵45分鐘。再將麵團輕拍平整，由底向中間折疊1/3，再由前向中間折疊1/3，轉向，輕拍，再由底向中間對折（壓平排氣、翻麵），冷藏發酵約8-16小時。

分割滾圓、中間發酵

05 將麵團分割成120g，滾圓成表面平滑圓形，中間發酵25分鐘。

整型、最後發酵

06

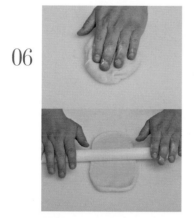

壓折款。將麵團輕拍壓出氣體，用擀麵棍擀壓成橢圓片，光滑面朝下。

07

在表面先塗抹上番茄糊，依序鋪放披薩絲、沙拉米、起司球，撒上義大利香料、黑胡椒粒。

08

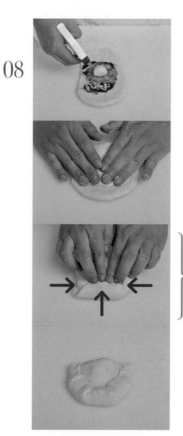

反折出皺折

將麵皮噴上水霧，往前對折（前端稍預留）後，將預留邊緣反折出皺折。

09

放置發酵帆布上，最後發酵約40分鐘。再用派皮夾沿著麵皮邊按壓整型出花邊。

10

反折貼合

變化款。將麵皮依作法⑦鋪好餡料，對折成半圓，沿著麵皮邊緣密合捏緊後，切劃等距的刀口，再將麵皮反折密合，形成花邊餃形，最後發酵。

烘烤完成

11

用上火210℃／下火200℃，入爐後開蒸氣3秒，烤焙18分鐘。撒上少許海苔粉。

Natural Yeast

巧克力堅果鄉村

混合使用可可粉、水滴巧克力豆，再包裹白巧克力、堅果為夾層餡，
樸實的外型裡裹著香濃層次的白巧克力，融合兩種巧克力香氣，帶出柔滑優雅的香甜韻味。

	終溫 **23.5**℃	基本發酵 **90**分	中間發酵 **25**分	最後發酵 **40**分	烤焙 **18**分	

Ingredients

液種（3個）

法國粉———300g

水———300g

低糖乾酵母———0.1g

主麵團

Ⓐ 高筋麵粉———300g

　法國粉———300g

　可可粉———100g

　低糖乾酵母———5g

　魯邦種（P18）———250g

　麥芽精———3g

　水———430g

　鹽———18g

Ⓑ 夏威夷豆———200g

　水滴巧克力———80g

外皮

法國粉———800g

全麥粉———100g

裸麥粉———100g

深黑可可粉———50g

低糖乾酵母———3g

鹽———14g

水———620g

內餡（每份）

調溫白巧克力———20g

Step by Step

使用器具

01

圓形大藤籃。

外皮

02

在攪拌缸中倒入粉類，加入水與其他所有材料攪拌均勻至8分筋。

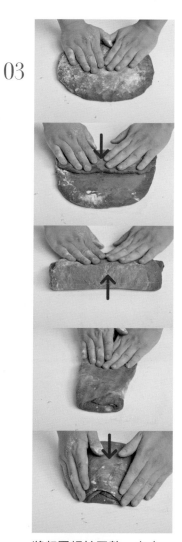

03

將麵團輕拍平整，由底、前向中間各折疊1/3，轉縱向，輕拍，再底向中間對折（壓平排氣、翻麵），繼續發酵約45分鐘。

04

將所有材料Ⓐ混合攪拌
至無粉粒成粗膜（產生韌
性，但還沒產生筋性），
室溫發酵8小時。

發酵後

主麵團

05

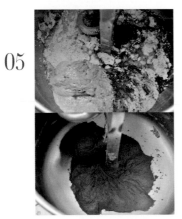

將作法④液種、所有材料
Ⓐ（鹽除外）慢速攪拌均
勻至6分筋。

06

加入鹽攪拌至8分筋。

07

確認筋度。

麵團延展狀態

08

再加入材料Ⓑ攪拌均勻即
可（終溫23.5℃）。

基本發酵

09

麵團整理成表面平滑的圓
球狀，基本發酵45分鐘。

10

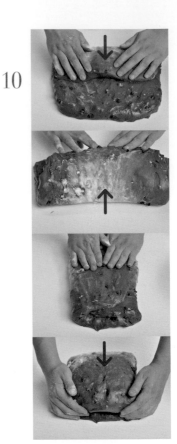

將麵團輕拍平整，由底、
前側向中間折疊1/3，轉
縱向，輕拍，再由底向中
間對折（壓平排氣、翻
麵），繼續發酵約45分
鐘。

分割滾圓、中間發酵

11 分割內層麵團400g、外皮
麵團130g，滾圓成表面
平滑圓形，中間發酵25分
鐘。

整型、最後發酵

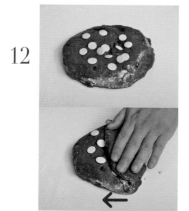

12

內層麵團。將麵團輕拍擠壓出氣體，光滑面朝下，在表面平均鋪放白巧克力，再將麵皮由內往中間折1/3。

13

在折起的1/3麵皮上，再鋪放白巧克力，並將另一側麵皮往中間折1/3覆蓋，在底部1/3處鋪放白巧克力（分層鋪放內餡，可讓白巧克力分布得較為均勻）。

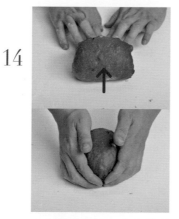

14

由上往下捲折，收合整型成圓球狀。

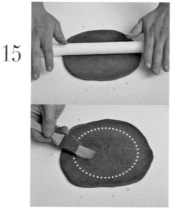

15

外皮。將外皮麵團輕拍壓出氣體，擀成圓片狀，光滑面朝下，在表面中間處薄刷橄欖油（周圍處預留不塗刷）。

16

將內層麵團收口朝上，放置外皮上。

17

再將外皮由四周往上拉起捏合收口，整型成圓球。

18

藤籃內均勻篩滿裸麥粉。將收合口朝上放入藤籃中，稍按壓中心處，最後發酵40分鐘。

19

倒扣放置，用割紋刀切劃十字刀口。

烘烤完成

20

用上火210℃／下火190℃，入爐後開蒸氣3秒，烤約3分鐘，再蒸氣3秒，烤約15分鐘。

Natural Yeast

北歐裸麥堅果南瓜

口味樸實的根莖類與裸麥麵團十分合拍！特別搭配全麥、裸麥粉來製作麵團，
包捲香甜南瓜泥、多種堅果果乾成型，品嚐日式質感的法國風味。

| | 終溫 **23.5**℃ | 基本發酵 **90**分 | 中間發酵 **25**分 | 最後發酵 **40**分 | 烤焙 **15**分 | |

Ingredients

中種（15個）

法國粉——500g
水——250g
低糖乾酵母——1g

主麵團

法國粉——75g
全麥粉——75g
裸麥粉——100g
麥芽精——2g
水——90g
魯邦種（P18）——100g
低糖乾酵母——5g
鹽——10g

內餡（每份）

南瓜泥——40g

酒漬葡萄乾（P113）——20g
核桃——20g
葵瓜子——5g

Step by Step

中種

01 將所有材料混合攪拌至無粉粒成粗膜（產生韌性，但還沒產生筋性），室溫發酵8小時。

主麵團

02 將作法①中種、主麵團（鹽除外）所有材料慢速攪拌均勻至6分筋。再加入鹽攪拌至8分筋即可（終溫23.5℃）。

基本發酵

03 將麵團整理成表面平滑的圓球狀，基本發酵45分鐘。再將麵團輕拍平整，由底向中間折疊1/3，再由前向中間折疊1/3，轉向，輕拍，再由底向中間對折（壓平排氣、翻麵），繼續發酵約45分鐘。

分割滾圓、中間發酵

04 將麵團分割成120g，滾圓成表面平滑圓形，中間發酵25分鐘。

整型、最後發酵

05 將麵團輕拍壓出氣體，用擀麵棍擀成橢圓片狀，光滑面朝下。

06

表面抹上南瓜泥，撒放上酒漬葡萄、核桃、葵瓜子。

07

再將麵皮從外側往中間捲折起至底，用切麵刀均切成三等份，放置烤盤上，最後發酵40分鐘（麵團勢順的捲起，不需要捲太緊，烤好後正中央的麵團才能膨脹突出來）。

烘烤完成

08 用上火210℃／下火200℃，入爐後開蒸氣3秒，烤約15分鐘。

Chapter
2
口感美味的人氣丹麥

多層次口感加上濃郁奶油香氣，
丹麥麵包是廣受饕客喜愛的麵包之一。
而隨著地方及堆疊奶油量與折疊的不同，
有各種不同的稱呼，也各有擁護者，
近似甜點口感的丹麥麵包也延伸出無限的口味與創意。
使用法國麵包專用粉製作，外酥內軟，
口感比香酥鬆脆的可頌來得香甜細膩；
酥鬆外層，搭配溫潤的內餡及鮮甜水果，
就像享用精緻麵包般鬆軟可口。
本單元就基本的丹麥麵團，
製作變化創意與話題性十足的人氣丹麥。

DANISH PASTRY - CROISSANT BRIOCHE

3×3×3丹麥麵團的折疊法

Ingredients

麵團

法國粉——500g
新鮮酵母——20g
鹽——10g
細砂糖——50g
奶粉——10g
水——250g
發酵奶油——50g

折疊裹入用

片狀奶油——300g

Step by Step

> **攪拌麵團**

01 在攪拌缸中倒入法國粉，加入鹽、奶粉、細砂糖與新鮮酵母、奶油，再倒入水，慢速攪拌混合至整體均勻。

02 轉中速攪拌成團至成粗薄膜。

03 確認筋度。延展出的質地粗糙。

約5分筋

04 繼續攪拌至麵筋形成（約7分筋）（約25℃）。

05 確認筋度。延展出的質地呈粗薄膜。

約6-7分筋

06

麵團整理成表面平滑的圓
球狀,接合口朝下,覆蓋保
鮮膜,基本發酵30分鐘。

冷藏鬆弛

07

整理麵團壓拍平,按壓平
整成長方狀,放置塑膠袋
中,冷藏(5℃)鬆弛約
12-14小時。

折疊裹入-包裹入油

08

將裹入油延壓平整至軟硬
度與麵團相同的長方片。

09

將麵團延壓薄成長方片,
長度約為裹入油2倍長,
寬度相同。

＼ Point ／

注意全程要維持在冰冷
的狀態,一旦麵團溫度
升高質地變軟,就要放
回冷藏。

10

將裹入油放在麵團中間,
並將麵團稍往兩側輕拉延
展。

11

將左右側麵團朝中間折疊
包覆裹入油。

折疊裹入-3折3次

12

用擀麵棍先擀壓平,再延
壓均勻至平整,重複擀壓
延展至厚約7mm長方片。

＼ Point ／

麵團會有高低不平的情
形,機器延壓前可先用
擀麵棍擀壓平均再操
作。

13

3
折
1
次

用切麵刀裁切平整兩側邊
後,將右側1/3向內折疊,
左側1/3向內折疊,折疊成
3折。

14

用擀麵棍稍按壓，使麵團與奶油緊密貼合，用塑膠袋包覆，冷凍鬆弛約30分鐘。

15

將麵團放置撒有高筋麵粉的檯面，依法擀壓延展平整至厚約6mm。

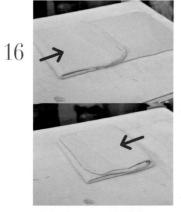

16

將左側1/3向內折疊，右側1/3向內折疊，折疊成3折。

3折2次

17

用擀麵棍稍按壓，使麵團與奶油緊密貼合，用塑膠袋包覆，冷凍鬆弛約30分鐘。

18

將麵團放置撒有高筋麵粉的檯面，依法擀壓延展平整至厚約6mm。

19

將右側1/3向內折疊，左側1/3向內折疊，折疊成3折。

3折3次

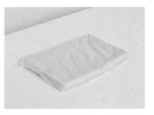

20

用擀麵棍稍按壓，使麵團與奶油緊密貼合，用塑膠袋包覆，冷凍鬆弛約30分鐘。

整型前的延壓

21

即可進行整型前的延壓，將麵團延壓平整至所需的長、寬、厚度，對折後用塑膠袋包覆，冷凍鬆弛約30分鐘。

Danish
柑橘栗子丹麥酥

毫不吝惜地在丹麥麵團裡加了柑桔杏仁餡，呈現出清爽香甜口感；
並在烤得酥鬆的丹麥上另外搭配栗子餡與糖漬栗子，
味道或色澤都十分討喜，奢華且芳香濃郁的獨特風味。

冷藏鬆弛 **12-14**小時 | 包裹入油 | 3折3次 | 最後發酵 **90**分 | 烤焙 **15**分

Ingredients

麵團 （20個）

法國粉 —— 375g
高筋麵粉 —— 125g
新鮮酵母 —— 20g
鹽 —— 11g
細砂糖 —— 50g
麥芽精 —— 1g
鮮奶 —— 100g
水 —— 135g
發酵奶油 —— 40g

折疊裹入用

片狀奶油 —— 300g

內餡

柑桔杏仁餡 （P138）
栗子卡士達餡 （P186）

表面用

糖漬栗子
防潮糖粉
金箔
新鮮水果（繽紛水果丹麥）
開心果碎

Step by Step

使用器具

01

奈米黑網孔透氣墊290×420mm。

製作內餡

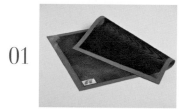

02

柑桔杏仁餡製作參見P138-139。

03

栗子卡士達餡參見P186-187。

製作麵團

04 麵團攪拌參見「丹麥麵團的折疊法」P101-103，作法1-5製作。

05

麵團基本發酵、冷藏鬆弛參見「丹麥麵團的折疊法」P101-103，作法6-7製作。

包裹、折疊裹入

06 丹麥麵團的包裹入油、3折3次折疊裹入參見「丹麥麵團的折疊法」P101-103，作法8-20製作。

07

將麵團延壓平整展開至厚4mm，對折後用塑膠袋包覆，冷凍鬆弛約30分鐘。

2 — 口感美味的人氣丹麥

可頌丹麥 *Danish*

08

將麵皮裁切成6cm×6cm（厚4mm）正方形（20g），並裁切出裝飾邊條寬2cm×長9.5cm（厚3mm、重約8g），覆蓋塑膠袋冷藏鬆弛約30分鐘。

09

取裝飾邊條對折後從中間直切（對折口處預留不切斷），再將麵皮切口處攤開。

10

將正方形片表面薄刷上蛋液，再將攤開的麵皮對齊方形片四邊密合黏貼。

＼ Point ／

上層麵皮要與底部麵皮貼合，若沒貼合有脫落時，會破壞外型，所以一定要確認對齊放置。

11

放置室溫30分鐘，待解凍回溫。再放入發酵箱，最後發酵約60分鐘（溫度28℃、濕度75%）。

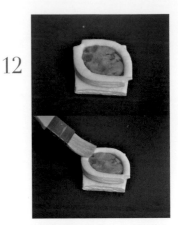

12

稍按壓底部後，中間擠入柑桔杏仁餡（約20g），邊緣薄刷蛋液。

13

以上火220℃／下火200℃，烤約15分鐘。

14

在凹槽處擠入擠上栗子卡士達餡（約10g），左右側篩撒上防潮糖粉，擺放上栗子，塗刷鏡面果膠，最後用金箔點綴即可。

繽紛水果丹麥酥

烤得香鬆的丹麥，

也可視個人喜好組合不同口味的杏仁內餡

與各式水果來搭配，增添烘焙樂趣。

草莓丹麥酥

水蜜桃丹麥酥

藍莓丹麥酥

Danish

杏仁檸檬丹麥

檸檬杏仁餡包覆折疊麵團中，表層擠入起司卡士達餡，搭配水蜜桃塊，
一次嚐到多種口感，一入口即有清新酸甜的鮮果滋味在嘴裡散開，多重口感享受。

Ingredients

麵團（15個）

法國粉———500g
新鮮酵母———20g
鹽———10g
細砂糖———50g
奶粉———10g
水———250g
發酵奶油———50g

折疊裏入用

片狀奶油———300g

內餡

檸檬杏仁餡（P138）
起司卡士達餡（P186）

表面用

水蜜桃
藍莓
防潮糖粉
開心果碎
烤熟杏仁角
糖花

Step by Step

使用器具

01

SN2073水果條（陽極）
100×56× 34mm。

製作內餡

02

檸檬杏仁餡製作參見P138-139。

03

起司卡士達餡製作參見P186-187。

製作麵團

04 麵團攪拌參見「丹麥麵團的折疊法」P101-103，作法1-5製作。

05

將作法④麵團（890g）分割成680g、170g。將麵團（170g）加入竹炭粉5g攪拌混合均勻，做成竹炭麵團。

06 麵團基本發酵、冷藏鬆弛參見「丹麥麵團的折疊法」P101-103，作法6-7製作。

07

丹麥麵團的包裹入油、3折3次折疊裹入參見「丹麥麵團的折疊法」P101-103，作法8-20製作。

08

將竹炭麵團延壓成稍大於丹麥麵團，覆蓋在已稍噴上水霧的丹麥麵團上，沿著四邊稍黏合，包覆住丹麥麵團，用塑膠袋包覆，冷凍鬆弛30分鐘。

09

將麵團延壓平整展開至厚4mm，對折後（方便操作）用塑膠袋包覆，冷凍鬆弛約30分鐘。

分割、整型、最後發酵

10

將麵團左右側邊切除平整後，裁切成長×寬9.5cm×9.5cm（厚4mm）正方片（約50g），覆蓋塑膠袋冷藏鬆弛約30分鐘。

11

對角稍延展

將正方片在兩對角稍做延後，正面（黑色部分）朝下，鋪放入模型中，並朝底沿著模底稍按壓。

12

利用長方圈（陽極）（SN3535）壓住固定，再平均鋪放入重石（也可以直接壓放重石）。

13 放入烤盤中，放置室溫30
分鐘，待解凍回溫，再放
入發酵箱，最後發酵約60
分鐘（溫度28℃、濕度
75%）。

烘烤、裝飾
---

14 以上火220℃／下火
200℃，烤約15分鐘。連
同模型震敲出空氣，脫
模。

15 在烤好的丹麥中，放入檸
檬杏仁餡（20g）按壓平
整。

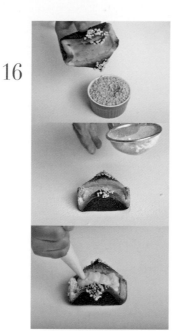

16 並在兩側塗刷鏡面果膠，
沾裹杏仁角，篩撒上糖
粉，再擠入起司卡士達
餡。

17 擺放上水蜜桃塊、藍莓並
薄刷鏡面果膠，用開心果
碎、糖花點綴即可。

關於「塗刷鏡面果膠」

塗刷蛋液外，為減少烘
烤後的上色程度，就製
品的特色，有時也會在
烘烤完成後的麵包體塗
刷糖水，藉以提升麵包
的光澤感。而為了突
顯成品的光澤感，多會
在水果表面塗刷鏡面果
膠，帶出光澤感同時也
兼具保濕的作用。

Danish
柑橘巧克力

酥香的焦糖色澤與濃郁的香氣最是引人處；內餡為結合血橙果泥與粉紅巧克力，
帶有巧克力與水果香氣，華麗的口感層次，一次品嘗到不同的口感與風味。

冷藏鬆弛 12-14小時	包裹入油	3折3次	最後發酵 90分	烤焙 15分

Ingredients

麵團（12個）

法國粉——500g
鹽——9g
細砂糖——52g
新鮮酵母——20g
蜂蜜——10g
水——230g
發酵奶油——50g

折疊裹入用

片狀奶油——300g

內餡

柑桔巧克力餡（P138）
酒漬葡萄乾——100g
水滴巧克力——50g

表面用

防潮糖粉
開心果碎

Step by Step

使用器具

01

圓型圈SN3478。

製作內餡

02

柑桔巧克力餡製作參見
P138-139。

03

酒漬葡萄乾。將葡萄乾
（380g）與紅酒（380g）
浸泡入味，備用。

製作麵團

04 麵團攪拌參見「丹麥麵團
的折疊法」P101-103，作
法1-5製作。

05

麵團基本發酵、冷藏鬆弛
參見「丹麥麵團的折疊
法」P101-103，作法6-7製
作。

包裹、折疊裹入

06

丹麥麵團的包裹入油、3折
3次折疊裹入參見「丹麥麵
團的折疊法」P101-103，
作法8-20製作。

07 將麵團延壓平整展開至厚
4mm，對折後用塑膠袋包
覆，冷凍鬆弛約30分鐘。

08

將麵皮切除平整兩側後，裁切成55cm×30cm（厚4mm），在2/3表面均勻抹上柑桔巧克力餡（約300g），撒上水滴巧克力（約50g）、酒漬葡萄乾（約100g）。

09

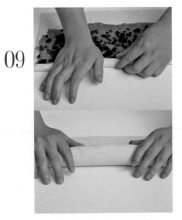

從長側端順勢捲起至底。

10

並在底部1/3處塗刷上水（幫助黏合）捲製成圓筒狀，搓揉均勻，覆蓋塑膠袋冷藏鬆弛約30分鐘。

11

將麵團分切成4cm長段（約100g），放入圓形模框中。

放置室溫30分鐘，待解凍回溫。再放入發酵箱，最

12 後發酵約60分鐘（溫度28℃、濕度75%），塗刷上蛋液。

13

在表面鋪放上烤焙布，壓蓋上烤盤，以上火220℃／下火200℃，烤約15分鐘。連同模型震敲出空氣，脫模。

14

將直尺放在丹麥中間並在旁邊兩側撒上防潮糖粉，用開心果碎裝飾即可。

Danish

白醬海鮮丹麥

在自製白醬上奢侈地鋪放上分量飽滿的海鮮、蔬食餡料，
製作出濃厚奢華的風味，撒上黑胡椒，讓滋味更加香辣。

冷藏鬆弛 **12-14** 小時 | 包裹入油 | 3折3次 | 最後發酵 **90** 分 | 烤焙 **15** 分

Ingredients

<u>麵團</u>（10個）

法國粉 —— 500g
新鮮酵母 —— 20g
鹽 —— 10g
細砂糖 —— 50g
奶粉 —— 10g
水 —— 250g
發酵奶油 —— 50g

<u>折疊裹入用</u>

片狀奶油 —— 300g

<u>內餡</u>（每份）

鳳尾蝦 —— 1隻
煙燻鮭魚 —— 1片
蘑菇 —— 2個
蘆筍 —— 1根
青豆 —— 8個
小番茄 —— 1個

<u>白醬</u>

發酵奶油 —— 30g
低筋麵粉 —— 30g
鮮奶 —— 500g
白胡椒 —— 適量
豆蔻粉 —— 適量
鹽 —— 50g

Step by Step

使用器具

01

大圓模（陽極）SN60315。

前置處理

02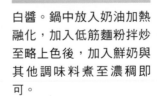

白醬。鍋中放入奶油加熱融化，加入低筋麵粉拌炒至略上色後，加入鮮奶與其他調味料煮至濃稠即可。

03 配料處理。鳳尾蝦、蘑菇、蘆筍、青豆分別處理汆燙熟，瀝乾水分備用。小番茄去蒂，對切為二。

製作麵團

04

麵團攪拌參見「丹麥麵團的折疊法」P101-103，作法1-5製作。

05

麵團基本發酵、冷藏鬆弛參見「丹麥麵團的折疊法」P101-103，作法6-7製作。

包裹、折疊裹入

06

丹麥麵團的包裹入油、3折3次折疊裹入參見「丹麥麵團的折疊法」P101-103，作法8-20製作。

07

將麵團延壓平整展開至厚4mm，對折後用塑膠袋包覆，冷凍鬆弛約30分鐘。

分割、整型、最後發酵

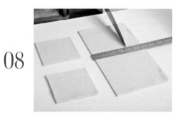

08

將麵皮切除兩側平整後，裁切成10cm×10cm正方形（厚4mm）（約50g），覆蓋塑膠袋冷藏鬆弛約30分鐘。

09

兩邊交錯疊放

從正方形的四對角處切割出刀口（中心預留不切斷），再將切口的兩邊左右交錯，放入模型中，稍往底部模邊按壓貼合。

10

鋪放入重石，放置室溫30分鐘，待解凍回溫。再放入發酵箱，最後發酵約60分鐘（溫度28℃、濕度75%）。

烘烤、裝飾

11

以上火220℃／下火200℃，烤約15分鐘。連同模型震敲出空氣，脫模。

12

在中間凹槽處擠入白醬，放上作法③處理好的食材及煙燻鮭魚、小番茄、巴西里，撒上黑胡椒粒。

Danish
德式酸菜辣腸

丹麥麵團裡包捲著德式脆腸，
搭配酸菜、芥末籽醬提味，呈現爽口風味；
鹹香酥脆，是款極具滿足感的調理丹麥麵包。

Ingredients

麵團（20個）

法國粉 —— 500g
新鮮酵母 —— 20g
鹽 —— 10g
細砂糖 —— 50g
奶粉 —— 10g
水 —— 250g
發酵奶油 —— 50g

折疊裹入用

片狀奶油 —— 300g

內餡（每份）

德式香腸 —— 1根
德式酸菜 —— 10g

表面用

海苔粉

Step by Step

製作麵團

01

麵團攪拌參見「丹麥麵團的折疊法」P101-103，作法1-5製作。

02

麵團基本發酵、冷藏鬆弛參見「丹麥麵團的折疊法」P101-103，作法6-7製作。

包裹、折疊裹入

03

丹麥麵團的包裹入油、3折3次折疊裹入參見「丹麥麵團的折疊法」P101-103，作法8-20製作。

04

將麵團延壓平整展開至厚4mm，對折後用塑膠袋包覆，冷凍鬆弛約30分鐘。

2
—— 口感美味的人氣丹麥

可頌丹麥 *Danish*

05

將麵團裁切兩側邊後，裁成長30cm×寬2.5cm×厚4mm（約40g），覆蓋塑膠袋冷藏鬆弛約30分鐘。

06

將麵團往上下兩端稍延展拉長。

07

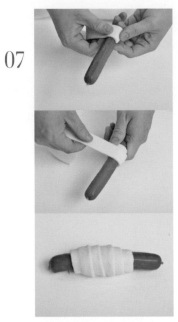

將麵皮固定德式香腸底部後，沿著由底部稍重疊住上層的方式一圈圈往上順勢繞圈盤捲收合成型，放置室溫30分鐘，待解凍回溫。

08

再放入發酵箱，最後發酵約60分鐘（溫度28℃、濕度75%），表面塗刷蛋液。

09

以上火220℃／下火200℃，烤約15分鐘。

10

德式酸菜

表面用海苔粉及德式酸菜點綴食用即可。

Danish

莓果の山丘

在丹麥麵團裡鑲填入酸甜的鳳梨杏仁餡，濃郁溫潤的香甜味，
交織著卡士達餡的香甜，新鮮草莓的微酸，每口洋溢滿滿果香。

冷藏鬆弛
12-14小時

包裹入油

3折3次

最後發酵
90分

 烤焙
15分

Ingredients

麵團（10個）

法國粉——500g
新鮮酵母——20g
鹽——10g
細砂糖——50g
奶粉——10g
水——250g
發酵奶油——50g

折疊裏入用

片狀奶油——300g

內餡

鳳梨杏仁餡（P138）

表面用

香草卡士達餡（P186）
草莓
藍莓
防潮糖粉
開心果碎

Step by Step

使用模型

01

準備：大圓模（陽極）
SN60315、圓型切模
（9cm）SN3852、圓型切
模（7cm）SN3848。

製作內餡

02

鳳梨杏仁餡製作參見P138-
139。

製作麵團

03 麵團攪拌參見「丹麥麵團
的折疊法」P101-103，作
法1-5製作。

04

麵團基本發酵、冷藏鬆弛
參見「丹麥麵團的折疊
法」P101-103，作法6-7製
作。

包裹、折疊裏入

05

丹麥麵團的包裹入油、3折
3次折疊裏入參見「丹麥麵
團的折疊法」P101-103，
作法8-20製作。

06

將麵團延壓平整展開至厚4mm，對折後用塑膠袋包覆，冷凍鬆弛約30分鐘。

分割、整型、最後發酵

07

將麵團切除兩側邊後，用圓型切模（9cm）SN3852壓切出大圓片，再用圓型切模（7cm）SN3848在大圓片上壓切，形成圓形片及環狀片，覆蓋塑膠袋冷藏鬆弛約30分鐘。

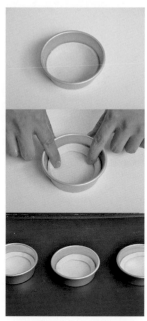

08

將圓形片先鋪放入模型中，再鋪放上環狀片並沿著模邊按壓整型讓麵皮接觸到模邊。

09

放置室溫30分鐘，待解凍回溫，再放入發酵箱，最後發酵約60分鐘（溫度28℃、濕度75%），在中間擠入鳳梨杏仁餡（約30g）。

10

圓邊塗刷蛋液。

烘烤、裝飾

11

以上火220℃／下火200℃，烤約15分鐘。連同模型震敲出空氣，脫模。

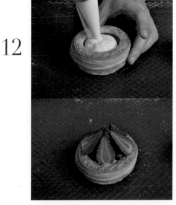

12

在中間擠上卡士達，擺放上草莓，間隔處放上藍莓，篩撒上防潮糖粉，用開心果碎點綴即可。

2

口感美味的人氣丹麥

可頌丹麥 *Danish*

123

Danish
木紋可頌

可頌除了常見的經典款外，也可以用不同顏色的搭配，做不同的口感與風味設計；
由於麵團特色極為細膩，折疊時要特別注意，必須細心地讓麵團鬆弛，保持在適當的溫度。

冷藏鬆弛	包裹入油	3折3次	最後發酵		烤焙	
12-14小時			**90**分		**15**分	

Ingredients

麵團（10個）

Ⓐ 法國粉 —— 1000g
　新鮮酵母 —— 40g
　鹽 —— 20g
　細砂糖 —— 100g
　奶粉 —— 20g
　水 —— 500g
　發酵奶油 —— 100g
Ⓑ 可可粉 —— 25g
　水 —— 5g

折疊裹入用

片狀奶油 —— 600g

Step by Step

製作麵團

01　麵團攪拌參見「丹麥麵團的折疊法」P101-103，作法1-5製作。

02

木紋裝飾片。將作法①麵團分割切取出300g、250g。並將麵團（250g）加入可可粉25g、水5g攪拌混合均勻，即成可可麵團，完成原味、可可麵團製作。

03　主體麵團與木紋裝飾麵團基本發酵、冷藏鬆弛參見「丹麥麵團的折疊法」P101-103，作法6-7製作。

包裹、折疊裹入

04　主體丹麥麵團（1200g）的包裹入油、3折3次折疊裹入參見「丹麥麵團的折疊法」P101-103，作法8-20製作。

木紋裝飾片

05

將原味麵團（300g）延壓擀平至寬30cm×長35cm×厚2.5mm長片。

06

將可可麵團（250g）延壓擀平至寬30cm×長30cm×厚2.5mm長片。

2 — 口感美味的人氣丹麥 ｜ 可頌丹麥 *Danish*

07

將擀平的可可麵團重疊鋪放在原味麵團上，再延壓平整至厚約3.5mm，表面稍噴上水霧。

08

從長側前端往內側捲起至底，並於底端稍延壓開（幫助黏合），收口於底，捲成圓柱型，用塑膠袋包覆，冷凍鬆弛約30分鐘。

09

將作法⑧圓柱型麵團，切成厚5mm圓形片。

幫助貼合

10

將作法④折疊麵團稍噴上水霧，再稍重疊地整齊鋪放圓形片，用塑膠袋包覆，冷凍鬆弛約30分鐘。

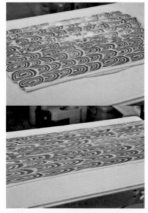

11

再延壓平整展開至厚約4mm，對折後用塑膠袋包覆，冷凍鬆弛約30分鐘。

分割、整型、最後發酵

12

裁切除兩側邊後裁切成寬8cm×長24cm（厚4mm）（約70g）三角片，覆蓋塑膠袋冷藏鬆弛約30分鐘。

13

將三角片的底側及上下兩端稍微拉長延展。

14

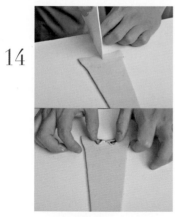

原色麵皮朝上（木紋面朝下），在底部稍縱切刀口，再由刀口兩側往上翻出兩小摺。

15

再從底邊由外朝內捲起，尾端壓至底下方，成直型可頌，稍按壓成型。

16

放置室溫30分鐘，待解凍回溫，再放入發酵箱，最後發酵約60分鐘（溫度28℃、濕度75%）。

烘烤、裝飾

17

以上火220℃／下火200℃，烤約15分鐘。

18 可用擠花袋（圓形花嘴）由可頌側面填充入流沙餡搭配食用。

美味吃法！

除了單純的吃，更可以在可頌中填充入鹹香滋味的流沙餡，微顆粒口感的鹹香流沙，與酥香的可頌相當搭配。

流沙餡

Ingredients

Ⓐ 奶粉 38g、卡士達粉 65g、動物鮮奶油 180g、綠豆沙 130g
Ⓑ 細砂糖 60g、水 100g
Ⓒ 發酵奶油 220g
Ⓓ 吉利丁粉 40g、水 200g
Ⓔ 鹹蛋黃 200g

Step by Step

① 材料Ⓐ混合均勻。發酵奶油隔水加熱融化。
② 吉利丁粉加水攪拌使其吸收膨脹後隔水加熱至融化均勻。
③ 將融化後的奶油，與作法②，以及拌勻材料Ⓑ加入到混合的材料Ⓐ中混合拌勻，再加入過篩成細粒的鹹蛋黃拌勻即可。

＊做好的流沙餡冷卻後會凝結，若凝結時，可再將餡料稍隔水加熱即可使用。流沙餡中因添加吉利丁，冷卻後會凝結變硬，係屬正常現象，若要有流沙的效果可將可頌再烘烤加熱即可。

Danish
焦糖布蕾丹麥

結合兩種不同口感的美味搭配，將丹麥麵包結合滑Q香濃的布丁，
來為酥鬆的丹麥增添更豐富的口感滋味。湯匙狀丹麥搭配焦糖布丁，把丹麥變化淋漓的展現。

Ingredients

麵團（12個）

法國粉 —— 500g
新鮮酵母 —— 20g
鹽 —— 10g
細砂糖 —— 50g
奶粉 —— 10g
水 —— 250g
發酵奶油 —— 50g

折疊裹入用

片狀奶油 —— 300g

內餡

香草卡士達（P186）

起司布蕾

Ⓐ 奶油起司 —— 100g
　 鮮奶 —— 170g
　 細砂糖 —— 200g
　 香草莢 —— 1/3根
Ⓑ 蛋黃 —— 195g
　 動物鮮奶油 —— 345g
Ⓒ 吉利丁片 —— 2g

焦糖醬

Ⓐ 細砂糖 —— 100g
　 水 —— 30g
Ⓑ 動物鮮奶油 —— 30g
　 發酵奶油 —— 10g

Step by Step

使用模型

01

丹麥鋁合金管SN42124。

焦糖醬

02

將材料Ⓐ加熱煮至焦化成黃褐色，加入鮮奶油（30g）拌煮至濃稠狀，再加入奶油煮至融合即可。

起司布蕾

03 吉利丁片先與水浸泡軟化。另將材料Ⓑ混合攪拌均勻備用。

04

將材料Ⓐ用小火加熱融化（約50-60℃），分次加入作法③拌煮均勻至沸騰，熄火，用網篩過濾，再加入軟化吉利丁拌至融化，倒入模型中至約8分滿。

05

將烤盤先倒入水（高約
烤盤2cm），擺放入作法
④，隔水烤焙，用上火
150℃／下火150℃，蒸烤
約40分鐘。取出備用。

製作麵團

06

麵團攪拌參見「丹麥麵團
的折疊法」P101-103，作
法1-5製作。

07

麵團基本發酵、冷藏鬆弛
參見「丹麥麵團的折疊法」
P101-103，作法6-7製作。

包裹、折疊裹入

08

丹麥麵團的包裹入油、3折
3次折疊裹入參見「丹麥麵
團的折疊法」P101-103，
作法8-20製作。

09

將麵團延壓平整展開至厚
4mm，對折後用塑膠袋包
覆，冷凍鬆弛約30分鐘。

分割、整型、最後發酵

10

將湯匙擺放麵團（厚
4mm）表面。

11

沿著湯匙外圍的2mm處
依樣裁切出湯匙形（約
30g），覆蓋塑膠袋冷藏鬆
弛約30分鐘。

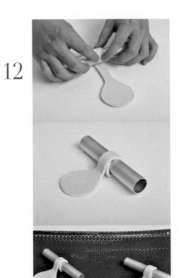

12

將湯匙柄的部分鋪放圓管
模型上捲起，放置室溫30
分鐘，待解凍回溫。

13

發酵後

在表面塗刷蛋液,並將麵團中心處稍壓平,擠入香草卡士達(約10g),再放入發酵箱,最後發酵約60分鐘(溫度28℃、濕度75%)。

| 烘烤、組合 |

14

以上火220℃／下火200℃,烤約15分鐘,脫模。

15

在湯匙圓面放上起司布蕾。

16

淋上焦糖醬,用金箔點綴即可。

關於「塗刷蛋液」

為了提升丹麥、麵包的烤色與光澤,有時會在烘烤前塗刷蛋液。而因發酵完成的麵團很容易因為外力而塌陷,因此塗刷時力道要輕柔,以不損及麵團來塗刷。書中使用的調和比例為全蛋、蛋黃(1:1)調勻。塗刷時注意不宜過厚,否則會造成表面因聚積過多的蛋液造成黏口,或上色不均、烤色焦黑等情形。

Danish

無花果覆盆子

酒漬無花果，加上滿滿的覆盆子餡，甜味更加香醇順口；
口感酥脆的丹麥麵團與酸甜的覆盆子餡、水潤的無花果搭出令人驚艷的美味。

Ingredients

麵團（10個）

法國粉 —— 500g
鹽 —— 9g
細砂糖 —— 52g
新鮮酵母 —— 20g
蜂蜜 —— 10g
水 —— 240g
發酵奶油 —— 50g

折疊裹入用

片狀奶油 —— 300g

無花果覆盆子餡

Ⓐ 細砂糖 —— 100g
　 發酵奶油 —— 30g
　 覆盆子果泥 —— 160g
　 冷凍覆盆子 —— 80g
　 萊姆無花果 —— 50g
Ⓑ 全蛋 —— 40g
　 杏仁粉 —— 200g
Ⓒ 覆盆子酒 —— 20g

裝飾

防潮糖粉
覆盆子粉
開心果碎
翻糖花

Step by Step

使用模型

01
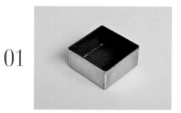
正方形模（8.5×8.5×4cm）。

無花果覆盆子餡

02 萊姆無花果。將無花果乾200g與艾姆苦杏仁酒500g、肉桂粉50g加熱熬煮至收乾，備用。萊姆無花果剪碎。

03 材料Ⓑ混合攪拌均勻。

04

將材料Ⓐ加熱煮沸後，邊拌邊加入作法③煮至再次沸騰、收稠，熄火，加入材料Ⓒ拌勻。倒入鐵盤中，表面覆蓋保鮮膜冷藏，備用。

製作麵團

05 麵團攪拌參見「丹麥麵團的折疊法」P101-103，作法1-5製作。

06 麵團基本發酵、冷藏鬆弛參見「丹麥麵團的折疊法」P101-103，作法6-7製作。

包裹、折疊裹入

07 丹麥麵團的包裹入油、3折3次折疊裹入參見「丹麥麵團的折疊法」P101-103，作法8-20製作。

08

將麵團延壓平整展開至厚4.5mm，對折後用塑膠袋包覆，冷凍鬆弛約30分鐘。

分割、整型、最後發酵

09

將麵團切除兩側平整後，裁切成邊長11cm×11cm×11cm（厚4.5mm）正方形片（約60g），覆蓋塑膠袋冷藏鬆弛約30分鐘。

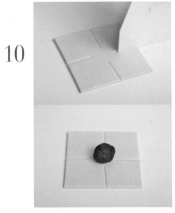

10

在正方片上由四側邊的中央處切出刀口呈十字狀（正中間不切斷），並在中間處放上無花果覆盆子餡（約15g）。

11

將兩對邊拉折立起起後。

12

再將兩側切口朝中間折小折，捏緊形成水滴狀。

13

再將上面交錯疊合稍按壓成型，另兩對邊拉折立起後，依法將兩側朝中間折小折，捏緊形成水滴狀，完成兩側的折疊整型。

14

用竹籤由交疊的麵皮中間處往下按壓串插住固定，放入模型中。

15

放置室溫30分鐘，待解凍回溫。再放入發酵箱，最後發酵約60分鐘（溫度28℃、濕度75%），去除竹籤。

烘烤、裝飾

16

以上火220℃／下火200℃，烤約15分鐘。連同模型震敲出空氣，脫模。

17

篩撒上防潮糖粉及覆盆子粉，用翻糖花裝飾點綴即可。

Danish

波浪黛莉絲丹麥

以基本的丹麥配方製作，改變了成型手法，裁切成長片，
控制好彎折曲線入模烘烤，柔軟質地咀嚼同時享受得到奶油漸出的香氣。

冷藏鬆弛	包裹入油	3折3次	最後發酵		烤焙	
12-14小時			**90分**		**15分**	

Ingredients

麵團（8個）

法國粉 —— 500g
新鮮酵母 —— 20g
鹽 —— 10g
細砂糖 —— 50g
奶粉 —— 10g
水 —— 250g
發酵奶油 —— 50g

折疊裹入用

片狀奶油 —— 300g

表面用

防潮糖粉
翻糖花

Step by Step

使用模型

01　水果條（22×5×4cm）。

製作麵團

02　麵團攪拌參見「丹麥麵團的折疊法」P101-103，作法1-5製作。

03　麵團基本發酵、冷藏鬆弛參見「丹麥麵團的折疊法」P101-103，作法6-7製作。

包裹、折疊裹入

04　丹麥麵團的包裹入油、3折3次折疊裹入參見「丹麥麵團的折疊法」P101-103，作法8-20製作。

05　將麵團延壓平整展開至厚4mm，對折後用塑膠袋包覆，冷凍鬆弛約30分鐘。

分割、整型、最後發酵

06

將麵團切除兩側邊後，裁切成長40cm×寬4cm長條形（約140g），覆蓋塑膠袋冷藏鬆弛約30分鐘。

\ Point /

為了形成漂亮的層次，側邊會切除平整。

08

將麵團呈連續S狀輕輕彎折到底成型，放入模型中，放置室溫30分鐘，待解凍回溫。

09

再放入發酵箱，最後發酵約60分鐘（溫度28℃、濕度75%）。

11

在一側邊放上長尺覆蓋，篩撒上糖粉裝飾即可。

07

將麵團往上下兩端稍延展拉長。

烘烤、裝飾

10

以上火210℃／下火230℃，烤約15分鐘。連同模型震敲出空氣，脫模。

2 —— 口感美味的人氣丹麥

可頌丹麥 Danish

137

Stuffing
溫潤香甜的杏仁餡

結合風味各有特色的果泥融入杏仁餡的變化製作,與麵包糕點烘烤完成後能帶甜甜、濃郁香氣,很適合運用在丹麥、麵包與糕點的夾層內餡。

01 │ 鳳梨杏仁餡

Ingredients

Ⓐ 細砂糖100g、發酵奶油30g、鳳梨果泥160g
Ⓑ 全蛋40g、杏仁粉200g
Ⓒ 鳳梨利口酒20g

Step by Step

① 將材料Ⓑ混合攪拌均勻。
② 將材料Ⓐ加熱煮沸後,邊拌邊加入作法①煮至再次沸騰、收稠,熄火,加入材料Ⓒ拌勻。倒入鐵盤中,表面覆蓋保鮮膜冷藏,備用。

03 │ 覆盆子杏仁餡

Ingredients

Ⓐ 細砂糖100g、發酵奶油30g、覆盆子果泥160g、冷凍覆盆子80g
Ⓑ 全蛋40g、杏仁粉200g
Ⓒ 覆盆子酒20g

Step by Step

① 將材料Ⓑ混合攪拌均勻。
② 將材料Ⓐ用加熱煮沸後,邊拌邊加入作法①煮至再次沸騰、收稠,熄火,加入材料Ⓒ拌勻。倒入鐵盤中,表面覆蓋保鮮膜冷藏,備用。

02 │ 柑桔杏仁餡

Ingredients

Ⓐ 細砂糖100g、發酵奶油30g、血橙果泥160g、桔子皮60g
Ⓑ 全蛋40g、杏仁粉185g
Ⓒ 君度橙酒60%20g

Step by Step

① 將材料Ⓑ混合攪拌均勻。
② 將材料Ⓐ加熱煮沸後,邊拌邊加入作法①煮至再次沸騰、收稠,熄火,加入材料Ⓒ拌勻。倒入鐵盤中,表面覆蓋保鮮膜冷藏,備用。

04 │ 檸檬杏仁餡

Ingredients

Ⓐ 細砂糖100g、發酵奶油30g、黃檸檬果泥160g、桔子皮60g
Ⓑ 全蛋40g、杏仁粉190g
Ⓒ 白蘭地20g

Step by Step

① 將材料Ⓑ混合攪拌均勻。
② 將材料Ⓐ加熱煮沸後,邊拌邊加入作法①煮至再次沸騰、收稠,熄火,加入材料Ⓒ拌勻。倒入鐵盤中,表面覆蓋保鮮膜冷藏,備用。

05 | 寶島三味餡

Ingredients

- Ⓐ 細砂糖100g
  無鹽奶油30g
  芒果果泥160g
  百香果果泥30g
- Ⓑ 全蛋40g
  杏仁粉190g
- Ⓒ 君度橙酒60%40g

Step by Step

① 將材料Ⓑ混合攪拌均勻。
② 將材料Ⓐ加熱煮沸後，邊拌邊加入作法①煮至再次沸騰、收稠，熄火，加入材料Ⓒ拌勻。倒入鐵盤中，表面覆蓋保鮮膜冷藏，備用。

06 | 柑桔巧克力餡

Ingredients

- Ⓐ 細砂糖100g、發酵奶油30g、血橙果泥160g、桔子皮60g
- Ⓑ 全蛋40g、杏仁粉200g
- Ⓒ 君度橙酒60%20g、紅寶石巧克力80g

Step by Step

① 將材料Ⓑ混合攪拌均勻。
② 將材料Ⓐ用加熱煮沸後，邊拌邊加入作法①煮至再次沸騰、收稠，熄火，加入材料Ⓒ拌勻。倒入鐵盤中，表面覆蓋保鮮膜冷藏，備用。

Column

丹麥麵團的創意延伸

裁切丹麥所需的麵皮之後，剩餘的麵皮也可以發揮
巧思運用，搭配不同的內餡、整型手法，做出各種
不同口感與風味設計的創意點心。

01 | 總匯丹麥

Ingredients

Ⓐ 丹麥麵皮（厚5mm）50g／每片
Ⓑ 燻雞肉10g、披薩絲10g、海苔粉、七味粉

Step by Step

① 將丹麥麵皮延壓平整成厚5mm片狀，裁切成方片
（約50g）。
② 將丹麥麵皮放入圓形塔模中，最後發酵60分鐘。鋪
放上燻雞肉、披薩絲，放入烤盤，用上火210℃／下
火200℃，烤約12分鐘。撒放上海苔粉、七味粉。

02 | 孜然烤肉串

Ingredients

Ⓐ 切丁丹麥麵團500g
Ⓑ 培根、金針菇、小番茄、孜然醬

Step by Step

① 丹麥麵團切成3cm的正方狀。培根片包捲入金針菇。
小番茄對切。
② 將蔥花50g、孜然粉10g、橄欖油150g、鹽3g混合煮
至沸騰，做成孜然醬。
③ 用竹籤依序串上丹麥丁、培根金針菇卷、丹麥丁、
小番茄、培根金針菇卷、丹麥丁成串，最後發酵60
分鐘，放入烤盤，用上火220℃／下火210℃，烤約
15分鐘。出爐塗刷孜然醬。

01

03 │ 榛果楓糖巧克力

Ingredients

Ⓐ 切丁丹麥麵團500g
Ⓑ 榛果150g、水滴巧克力150g、楓糖70g

Step by Step

① 丹麥麵團切成1cm的正方狀。
② 將材料Ⓑ拌勻與作法①混合後，倒入直徑6cm的圓型
模中（約45g）放置室溫30分鐘，最後發酵90分鐘，
用上火220℃／下火210℃，烤約15分鐘。

04 │ 烤丹麥甜甜圈

Ingredients

Ⓐ 丹麥麵皮（厚5mm）40g／每片
Ⓑ 64%調溫巧克力、覆盆子碎

Step by Step

① 將延壓平整成厚5mm丹麥麵皮，用圓型切模
（10cm）SN3854壓切出圓形片，再用圓型切模
（4cm）SN3842在麵皮中壓切，形成中空環狀片。
② 放入烤盤、放置室溫30分鐘，最後發酵60分鐘。用
上火210℃／下火200℃，烤約12分鐘。
③ 表面沾裹上隔水加熱融化的巧克力，撒上乾燥覆盆
子碎。

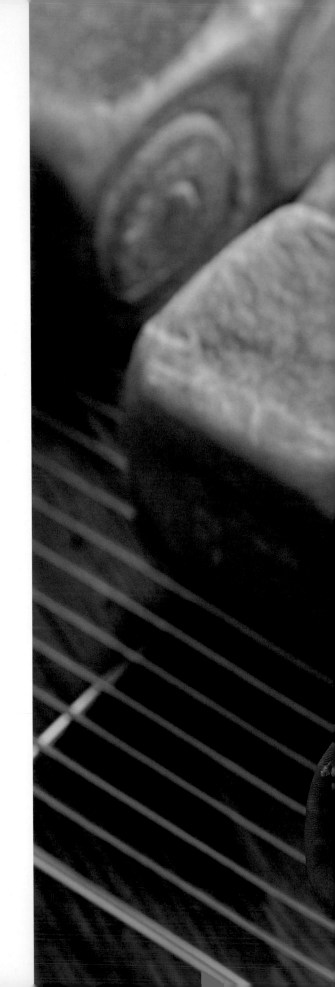

Chapter

3

口味多變的點心麵包

麵團中充分使用蛋、牛奶與奶油,風味濃郁卻又不失爽口,

以微帶淡淡的香甜味,滑潤的質地為特色,

非常適合搭配各式鹹味、或甜味口感膨鬆柔軟的麵包製作。

由於麵團微帶有甜味,很適合加以變化,

做成各式各樣的點心麵包,不論添加配菜的調理麵包,

或是包入各式甜味內餡的菓子麵包,

由於視覺上或味覺上都充滿獨特性,

儼已為麵包中的話題焦點。

本單元就在地食材的結合運用,

製作獨特又具飽足感的特色日式麵包。

SWEET BREAD - FILLED&STUFFED BREAD - LOAF

Sweet Bread

粉櫻の戀

柔軟麵包麵團搭配特調的櫻花豆沙餡，整型成美麗的花形，裝飾上鹽漬櫻花，
洋溢浪漫的粉紅氣息，烘烤後粉色的內餡與裂紋花瓣更加美麗。

Ingredients

麵團（19個）

Ⓐ 高筋麵粉——500g
　細砂糖——90g
　鹽——7g
　新鮮酵母——20g
　蛋黃——30g
　鮮奶——100g
　水——170g
Ⓑ 發酵奶油——70g

櫻花餡

白豆沙——750g
紅麴粉——7.5g
鹽漬櫻花——24朵

表面用

鹽漬櫻花

Step by Step

| 櫻花餡 | 攪拌麵團 |

01

吸除水分

鹽漬櫻花用冷開水浸泡去除鹹味，用紙巾拭乾水分，與白豆沙、紅麴粉混合拌勻，分割成40g，滾圓，備用。

02
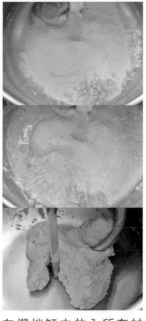

在攪拌缸中放入所有材料Ⓐ攪拌混合均勻至8分筋。

＼ Point ／

若豆沙餡的質地偏硬可加入適量的橄欖油來調整軟硬度。

03

再加入材料Ⓑ攪拌均勻至完全擴展（終溫24-26℃）。

薄膜光滑，
裂口平整無鋸齒狀

04

確認筋度。

基本發酵

05

發酵前

發酵後

將麵團整理成表面平滑的圓球狀，基本發酵60分鐘。

分割滾圓、中間發酵

06

將麵團分割成50g，滾圓成表面平滑圓形，中間發酵30分鐘。

整型、最後發酵

07

將麵團輕拍壓出氣體成圓扁狀，光滑面朝下。

08

在表面按壓抹上櫻花餡（約40g），將麵皮捏合收口，整型成圓球狀。

09

將麵團鬆弛10分鐘後，稍微壓扁後擀壓成圓扁狀。

10

用刮板在麵皮上先壓切出十字刀口（中心處預留不切斷），並在相間隔處再壓切出4刀口，就十字刀口的兩側朝左右翻折成心形，形成花瓣狀。

11

稍按壓平整，整型成花形狀。

12

放入烤盤中，最後發酵60分鐘（濕度75%、溫度28℃）。

13

在表面塗刷蛋液，中心處放鹽漬櫻花即可。

\ Point /

鹽漬櫻花先用冷開水稍浸泡去除多餘的鹽分鹹度，再用餐巾紙拭乾水分使用。

烘烤完成

14 用上火200℃／下火180℃，烤10分鐘。

Sweet Bread

紫心甜吉

將黑糖地瓜包藏麵團中，外層覆蓋紫薯菠蘿，製作出顏色可愛的點心麵包；
黑糖蜜漬地瓜夾心的溫和香甜，讓此款麵包更顯得特別。

終溫	基本發酵	中間發酵	最後發酵		烤焙	
24-26℃	60分	30分	60分		10分	

Ingredients

麵團（16個）

Ⓐ 高筋麵粉————500g
　　細砂糖————90g
　　鹽————7g
　　新鮮酵母————20g
　　蛋黃————30g
　　鮮奶————100g
　　水————170g
Ⓑ 發酵奶油————70g
　　豆泥————50g

紫薯菠蘿皮

Ⓐ 發酵奶油————130g
　　細砂糖————155g
Ⓑ 全蛋————80g
Ⓒ 低筋麵粉————180g
　　紫薯粉————30g

蜜地瓜

Ⓐ 栗子地瓜（去皮）————800g
Ⓑ 水————200g
　　鹽————5g
　　黑糖————100g
　　檸檬汁————20g
　　麥芽糖————500g

表面用

防潮糖粉
紫薯粉
翻糖小花

Step by Step

使用模型

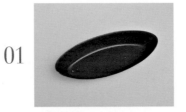

01 船型模具。

紫薯菠蘿皮

02 將奶油、細砂糖攪拌均勻，分次加入全蛋液拌勻，再加入混合過篩材料Ⓒ拌勻至無粉粒。

03 將麵團搓揉成長條，冷藏稍冰硬，分割成20g搓揉滾圓，備用。

蜜地瓜

04 將所有材料Ⓑ小火煮至沸騰後，加入削好皮的地瓜熬煮約30分鐘，熄火，再靜置燜煮約30分鐘。

製作麵團

05 麵團攪拌、基本發酵參見「粉櫻の戀」P144-147，作法2-5製作。

06 將麵團分割成60g，滾圓成表面平滑圓形，中間發酵30分鐘。

整型、最後發酵		烘烤、裝飾

07

麵團輕拍壓出氣體，擀壓平成長片狀，光滑面朝下。

08

在麵皮中間處鋪放上蜜地瓜丁，拉起麵皮對折，用掌心處沿著邊緣按壓收合，並往兩側搓揉整型。

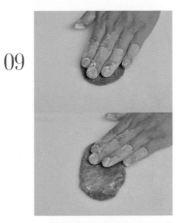

09

另將紫薯菠蘿皮拍壓扁成橢圓狀。

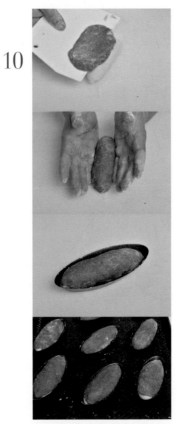

10

用刮板移放覆蓋在作法⑧的表面，往兩側底部收合整型後，放入模中即可。最後發酵60分鐘（濕度75%、溫度28℃）。

11 用上火200℃／下火180℃，烤10分鐘。連同模型震敲出空氣，脫模。

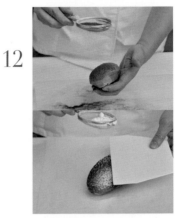

12

在表面篩撒上紫薯粉與糖粉，用翻糖小花點綴。

> ## 關於豆泥

福星豆泥。麵團中添加豆泥（黃豆泥），可達到鎖住水分的保濕效果，能有效延緩麵團老化速度，保有濕潤的口感。添加豆泥的麵團，攪拌完成後麵團會更穩定，更好操作整型，烤焙後上色均勻。豆泥在一般烘焙材料行即可購得，也可不添加。適用於各種麵團、冷凍麵團。

使用方法：依1000g麵粉，添加50-100g福星豆泥或酒粕酵素種。使用時與油脂一起攪拌混合即可。

3 口味多變的點心麵包

甜麵包 *Sweet bread*

Sweet Bread
蘋果花派麵包

把酒漬白桃丁揉入麵團中，增添香氣與口感；表層搭配卡士達餡、蜜漬蘋果，
再撒上酥菠蘿提升口感，些許的肉桂粉帶出別有的迷人香氣。一款帶著驚喜的美味麵包。

	終溫	基本發酵	中間發酵	最後發酵		烤焙	
	24-26℃	**60**分	**30**分	**60**分		**15**分	

Ingredients

麵團 （12個）

Ⓐ 高筋麵粉 —— 500g
　 細砂糖 —— 75g
　 鹽 —— 9g
　 新鮮酵母 —— 15g
　 全蛋 —— 75g
　 鮮奶 —— 100g
　 水 —— 160g
Ⓑ 發酵奶油 —— 150g
　 豆泥 —— 50g
Ⓒ 酒漬白桃丁 —— 200g

內餡

香草卡士達餡 （P186）

蜜漬蘋果

蘋果 —— 300g
水 —— 500g
細砂糖 —— 250g
檸檬汁 —— 10g

酒漬白桃丁

白桃丁 —— 200g
琴酒 —— 20g

酥菠蘿

發酵奶油 —— 60g
細砂糖 —— 60g
低筋麵粉 —— 120g

Step by Step

使用模型

01

活動菊花派盤（6吋）
SN5560。

前置處理

02

蜜漬蘋果。蘋果去皮、去除
果核、切片，與其他所有材
料加熱煮沸至收汁即可。

03

酒漬白桃丁。將白桃丁
與琴酒浸漬入味後使用
（白桃丁也可用桔子丁代
替）。

04

酥菠蘿。發酵奶油、細砂
糖攪拌均勻，加入過篩低
筋麵粉攪拌混合均勻，用
網篩按壓成細粒狀，覆蓋
保鮮膜，冷凍備用。

＼ Point ／

按壓成細碎狀的酥菠
蘿，攤平在烤盤上，稍
冷凍冰硬後使用會較好
操作。

05

香草卡士達。香草卡士達
的製作參見P186-187。

攪拌麵團

07

加入材料奶油、豆泥攪拌均勻至完全擴展。

06

在攪拌缸中放入所有材料Ⓐ攪拌混合均勻至8分筋。

\ Point /

麵團中的豆泥也可不加，用等量的奶油代替即可。

08

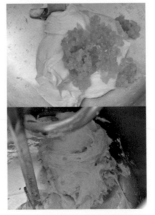

薄膜光滑

確認筋度。

09

再加入酒漬白桃丁攪拌混拌均勻（終溫24-26℃）。

基本發酵

10

將麵團整理成表面平滑的圓球狀，基本發酵60分鐘。

分割滾圓、中間發酵

11 將麵團分割成100g，滾圓成表面平滑圓形，中間發酵30分鐘。

整型、最後發酵

12

將麵團輕拍壓出氣體，擀壓平成圓片狀。

13

光滑面朝下，放入派盤中並稍按壓，最後發酵60分鐘（濕度75％、溫度28℃）。

14

表面塗刷蛋液（預留邊緣約5cm），用手指稍戳平表面中心處，並在戳平處擠入香草卡士達餡（約20g），撒上少許肉桂粉。

15

均勻撒放上酥菠蘿，再由外圍朝中心圍擺上蜜漬蘋果。

烘烤、裝飾

16 用上火180℃／下火200℃，烤15分鐘。連同模型震敲出空氣，脫模。

17

將中心處用圓模遮蓋後周圍篩撒防潮糖粉，蜜漬蘋果處薄刷鏡面果膠，用開心果碎、覆盆子碎、金箔點綴。

Sweet Bread

三味黑糖麻糬

軟柔的麵包麵團裡包了以果泥熬煮的三味餡，滿滿的內餡中還加了黑糖麻糬丁，
香甜的滋味與菓子麵團完美的結合，鬆軟可口。

	終溫 **24-26**℃	基本發酵 **50**分	中間發酵 **30**分	最後發酵 **60**分		烤焙 **10**分	

Ingredients

麵團 （23個）

Ⓐ 高筋麵粉 —— 500g
　新鮮酵母 —— 20g
　鹽 —— 10g
　細砂糖 —— 50g
　蜂蜜 —— 40g
　全蛋 —— 150g
　蛋黃 —— 50g
　鮮奶 —— 180g
Ⓑ 發酵奶油 —— 175g
　橙皮絲 —— 100g

內餡 （每份）

寶島三味餡（P138）—— 40g
黑糖麻糬餡 —— 10g

酥菠蘿

發酵奶油 —— 60g
細砂糖 —— 60g
低筋麵粉 —— 120g

表面用

烤乾柳橙片 —— 1/2片
開心果碎
防潮糖粉
橙酒水

Step by Step

使用模型

01

香蕉圈模具。

前置處理

02

寶島三味餡製作參見P138-139。

酥菠蘿

03

將所有材料攪拌均勻至無粉粒，搓揉成細粒狀，稍冷凍冰硬即可。

04

橙酒水製作。用水200g、細砂糖200g加熱煮至沸騰，熄火，加入君度橙酒60% 200g、香草棒1/2根浸泡至入味後使用。

攪拌麵團

05

在攪拌缸中放入所有材料Ⓐ攪拌混合均勻至8分筋。

06

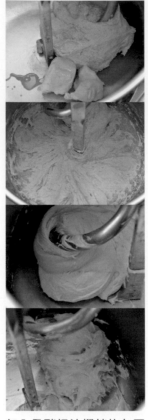

加入發酵奶油攪拌均勻至完全擴展，加入橙皮絲混合拌勻（終溫24-26℃）。

基本發酵

07 將麵團整理成表面平滑的圓球狀，基本發酵50分鐘。

分割滾圓、中間發酵

08

將麵團分割成80g，滾圓成表面平滑圓形，中間發酵30分鐘。

整型、最後發酵

09

將麵團輕拍壓出氣體，擀壓成橢圓片狀，光滑面朝下。

10

延展幫助黏合

橫向放置,底部稍延壓（幫助黏合）,在表面1/2抹上寶島三味餡（約40g）,鋪放黑糖麻糬（約10g）,用小刀在底部處直劃10刀口（底部預留不切斷）。

11

由上往下捲起至底成長條狀,表面塗刷蛋液,沾裹酥菠蘿。

12

放入型模中,最後發酵60分（濕度75%、溫度28℃）。

烘烤、裝飾

13 用上火200℃／下火200℃,烤10分鐘。連同模型震敲出空氣,脫模。

14

表面薄刷橙酒水,並在斜角篩撒上防潮糖粉,擺放上乾燥橙片、用開心果碎點綴即可。

乾燥裝飾橙片

材料：柳橙片5片、水100g、細砂糖100g

作法：柳橙片、水、細砂糖加熱煮沸約15分鐘,熄火,浸泡約2小時,取出橙片平整鋪放入烤盤,用上下火150℃烘烤至乾燥即可。

Sweet Bread

雙心菠蘿

以布里歐的麵團組合酥菠蘿成型，柔軟麵包體與蝶豆花菠蘿，
形成美麗分明層次，宛如洋菓子甜點的繽紛視覺與口感美味。

終溫	基本發酵	中間發酵	最後發酵	烤焙	
24-26℃	**50**分	**30**分	**60**分	**15**分	

Ingredients

麵團（9個）

Ⓐ 高筋麵粉——500g
　 新鮮酵母——20g
　 鹽——10g
　 細砂糖——50g
　 蜂蜜——40g
　 全蛋——150g
　 蛋黃——50g
　 鮮奶——180g
Ⓑ 發酵奶油——175g
Ⓒ 柚子丁——25g
　 抹茶麻糬——50g

內餡（每份）

抹茶麻糬——5g

蝶豆花菠蘿

Ⓐ 發酵奶油——130g
　 細砂糖——155g
Ⓑ 全蛋——80g
Ⓒ 低筋麵粉——175g
　 蝶豆花粉——30g

酥菠蘿

發酵奶油——60g
細砂糖——60g
低筋麵粉——120g

Step by Step

使用模型

01

愛心模型。

蝶豆花菠蘿

02　將奶油、細砂糖拌勻，加入全蛋攪拌融合，再加入混合過篩的粉類攪拌至無粉粒，搓揉成長條，分割成30g備用。

酥菠蘿

03

將所有材料攪拌均勻至無粉粒，搓揉成細粒狀，稍冷凍冰硬即可。

04

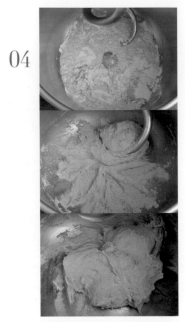

在攪拌缸中放入所有材料
Ⓐ攪拌混合均勻至8分筋。

05

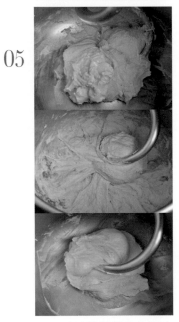

加入材料Ⓑ攪拌均勻至完
全擴展（終溫24-26℃）。

06

將麵團分成兩等份，取其
中一份加入材料Ⓒ混合拌
勻即可。

基本發酵

07

將兩種麵團整理成表面平
滑的圓球狀，基本發酵50
分鐘。

分割滾圓、中間發酵

08

將麵團分割成80g、50g，
滾圓成表面平滑圓形，中
間發酵30分鐘。

整型、最後發酵

09

將麻糬麵團（80g）輕拍
壓出氣體，擀成片狀。

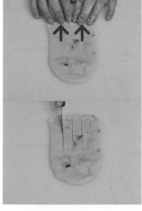

10

底部稍延壓開，再切割
4刀口（底部預留不切
斷）。

11

從上往下捲起到底成圓筒
狀，表面沾裹酥菠蘿，放
入已噴上烤盤油的模型一
側。

12

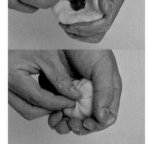

將原味麵團（約50g）輕
拍壓扁，包入抹茶麻糬丁
（約5g），捏合收口成圓
球狀。

13

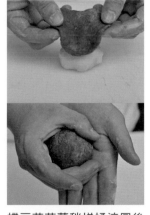

蝶豆花菠蘿稍搓揉滾圓後
按壓成圓扁狀，覆蓋在麵
團表面稍收合。

14

沾裹上細砂糖，放入模型
另一側邊，最後發酵60
分鐘（濕度75％、溫度
28℃）。

烘烤完成

15 用上火180℃／下火
230℃，烤15分鐘。連同模
型震敲出空氣，脫模。

Sweet Bread

焦糖杏仁瑪奇朵

把濃醇滑順的咖啡餡捲在麵團裡，外層用焦糖杏仁提升酥脆口感，搭配內裡麵包的柔軟質地，
細嚼同時多重層次的香氣漸出，屬於成熟系風味的咖啡麵包。

	終溫 **24-26℃**	基本發酵 **40分**	中間發酵 **30分**	最後發酵 **60分**	烤焙 **12分**	

Ingredients

麵團（23個）

ⓐ 高筋麵粉——500g
　新鮮酵母——20g
　鹽——10g
　細砂糖——50g
　蜂蜜——40g
　全蛋——150g
　蛋黃——50g
　鮮奶——180g
ⓑ 發酵奶油——175g

內餡

咖啡卡士達餡（P186）

焦糖杏仁糖

杏仁角——140g
細砂糖——50g
精製麥芽——60g
發酵奶油——70g
蜂蜜——8g

核桃檸檬

核桃碎——200g
糖漬檸檬丁——40g

表面用

巧克力飾片

Step by Step

使用模型

01

S型模型。

前置處理

02

咖啡卡士達餡。咖啡卡士達餡的製作參見P186-187。

03

焦糖杏仁糖。將所有材料（杏仁角除外）加熱煮至沸騰，再加入杏仁角攪拌混合均勻即可。

04

備妥核桃碎與糖漬檸檬丁。

攪拌麵團

05 麵團攪拌、基本發酵參見「雙心菠蘿」P160-163，作法4-7製作，整理成表面平滑的圓球狀，基本發酵40分鐘。

06

將麵團分割成50g，滾圓成表面平滑圓形，中間發酵30分鐘。

07

在模型底部先鋪放入焦糖杏仁糖（約30g）稍按壓平整，用上火170℃／下火170℃烤約10分鐘至上色，冷卻備用。

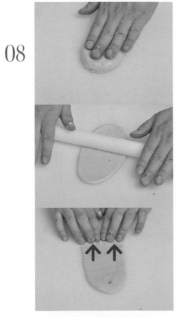

08

將麵團輕拍壓出氣體，擀壓平成橢圓片，光滑面朝下，用手指將底部延壓開（幫助黏合）。

09

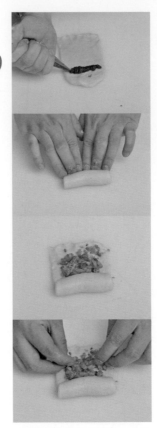

在前端處擠上咖啡卡士達餡（約20g），並將麵皮往下捲折一小折，再放上核桃碎與糖漬檸檬丁（約10g）。

10

兩側捏合

再順勢往底部捲起到底成圓筒狀，兩側邊稍捏合收口。

11

發酵前

發酵後

放入模型中。最後發酵60分鐘（濕度75％、溫度28℃）至約8分滿。

12

表面壓蓋上烤盤，用上火200℃／下火200℃，烤12分鐘。連同模型震敲出空氣，脫模。

13

表面鋪放上巧克力飾片裝點即可。

Sweet Bread

芋見奶黃金沙

甜味溫和麵團搭配香甜順口的蛋黃芋頭餡，
滿滿的芋香中間再夾層奶黃流心，
一口咬下微顆粒感的鹹香流沙溢出，
外層柔軟、內裡溫潤流沙餡，層層不同的美味驚喜。

	終溫 24-26℃	基本發酵 60分	中間發酵 30分	最後發酵 60分		烤焙 10分	

Ingredients

麵團 （25個）

Ⓐ 高筋麵粉——500g
　新鮮酵母——20g
　鹽——10g
　細砂糖——50g
　蜂蜜——40g
　全蛋——150g
　蛋黃——50g
　鮮奶——200g
Ⓑ 發酵奶油——250g
　豆泥——50g

內餡 （每個）

奶黃流心餡——1個
芋頭蛋黃餡——30g

黃金蛋皮

Ⓐ 全蛋——500g
　細砂糖——150g
Ⓑ 中筋麵粉——300g
　玉米粉——60g
Ⓒ 鮮奶——500g
　橄欖油——230g

表面用

鹽漬櫻花

Step by Step

製作內餡

01 芋頭餡（400g）與鹹蛋黃（100g）攪拌均勻，做成蛋黃芋頭餡。

02 將蛋黃芋頭餡分割成30g，滾圓稍壓扁後包入奶黃流心餡（1個），收合成圓球狀，備用。

煎蛋皮

03 將全蛋、細砂糖打散，加入混合過篩材料Ⓑ拌勻，再加入鮮奶拌勻，加入橄欖油混合拌勻。

04 平底鍋預熱加入少許橄欖油，再舀入1大匙的作法③煎至兩面呈金黃取出，完成蛋皮製作。

攪拌麵團

05 在攪拌缸中放入所有材料Ⓐ攪拌混合均勻至8分筋。

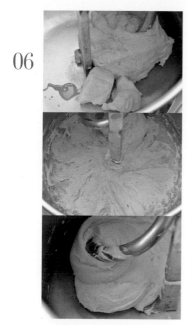

06

加入材料Ⓑ攪拌均勻至完全擴展（終溫24-26℃）。

薄膜光滑

07

確認筋度。

基本發酵

發酵後

08

將麵團整理成表面平滑的圓球狀，基本發酵60分鐘。

分割滾圓、中間發酵

09

將麵團分割成50g，滾圓成表面平滑圓形，中間發酵30分鐘。

整型、最後發酵

10

將麵團輕拍壓出氣體，光滑面朝下，放入作法②內餡，拉攏麵皮包覆捏合收口，整型成圓球狀。

11

間隔排放在烤盤上，最後發酵60分鐘（濕度75%、溫度28℃）。塗刷蛋液。

烘烤、組合

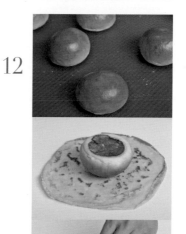

12

用上火180℃／下火200℃，烤10分鐘。將黃金蛋皮攤平包覆麵包體，表面放上鹽漬櫻花點綴（除了結合和風素材裝點增添風情外，若有烙印銅模也可利用圖紋來變化）。

3

口味多變的點心麵包　甜麵包 Sweet bread

Sweet Bread

檸夏雷夢麵包

濕潤的墨西哥醬覆蓋在柔軟的麵包上，內裡包裹著帶有檸檬香氣的內餡，
香甜順口，表層溫潤香酥、內裡濕潤香甜。

Ingredients

麵團（23個）

Ⓐ 高筋麵粉 —— 500g
　 新鮮酵母 —— 20g
　 鹽 —— 10g
　 細砂糖 —— 50g
　 蜂蜜 —— 40g
　 全蛋 —— 150g
　 蛋黃 —— 50g
　 鮮奶 —— 180g
Ⓑ 發酵奶油 —— 175g

吉士布丁檸檬乳酪餡

奶油乳酪 —— 200g
香草卡士達餡（P186）—— 100g
檸檬皮 —— 3g
鮮奶 —— 10g

墨西哥醬

Ⓐ 全蛋 —— 200g
　 細砂糖 —— 200g
　 發酵奶油 —— 200g
Ⓑ 杏仁粉 —— 130g
　 低筋麵粉 —— 70g

Step by Step

前置處理

01

吉士布丁檸檬乳酪餡。將所有材料混合攪拌均勻即可。

02

墨西哥醬。將材料Ⓐ攪拌均勻後加入材料Ⓑ混合拌勻，備用。

攪拌麵團

03

在攪拌缸中放入所有材料Ⓐ攪拌混合均勻至8分筋。

04

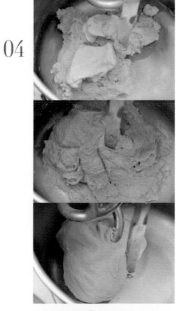

加入材料Ⓑ攪拌均勻至完全擴展（終溫24-26℃）。

3
——
口味多變的點心麵包

甜麵包 *Sweet bread*

基本發酵

05 將麵團整理成表面平滑的圓球狀，基本發酵50分鐘。

分割滾圓、中間發酵

06 將麵團分割成50g，滾圓成表面平滑圓形，中間發酵30分鐘。

整型、最後發酵

07

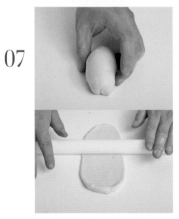

將麵團朝底收合稍塑型，擀平成橢圓片，光滑面朝下。

08

在表面中間處抹上吉士布丁檸檬乳酪餡（約30g），將麵皮對折捏合收口，整型成橢圓狀。

09

放入烤盤，最後發酵60分（濕度75%、溫度28℃）。

10

在表面連續呈S狀方式擠上墨西哥醬（約15g）。

烘烤、裝飾

11 用上火180℃／下火180℃，烤10分鐘。在表面鋪放檸檬圖紋，篩撒上防潮糖粉即可。

Stuffed Bread

日式味噌豬排麵包

最具代表性的和風洋食料理麵包。加入事前炸好的金黃豬排,搭配當令蔬食,
烤焙後就是一款有著滿滿心意,展現出豐富變化的料理麵包。

終溫 **24-26**℃	基本發酵 **60分**	中間發酵 **30分**	最後發酵 **60分**	烤焙 **10分**

Ingredients

麵團（16個）

Ⓐ 高筋麵粉──500g
　細砂糖──90g
　鹽──7g
　新鮮酵母──20g
　蛋黃──30g
　鮮奶──100g
　水──170g
Ⓑ 發酵奶油──70g

內餡（每個）

味噌豬排──1個
起司片──1片
高麗菜絲──10g

味噌醬汁

紅味噌──50g
味醂──20g
細砂糖──50g
米酒──80g

表面用

柴魚片
海苔粉

Step by Step

味噌醬汁

01

將所有材料混合攪拌均勻
即可。

製作麵團

02

麵團攪拌、基本發酵參見
「粉櫻の戀」P144-147，
作法2-5製作。

03

將麵團分割成60g，滾圓成
表面平滑圓形，中間發酵
30分鐘。

整型、最後發酵

04

炸豬排沾裹上味噌醬汁，
稍瀝乾醬汁後使用。

05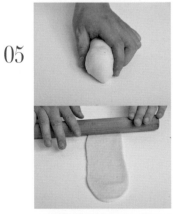

將麵團朝底部稍收合塑型
後，擀壓平成橢圓片狀，
光滑面朝下。

06

將高麗菜絲平均鋪放上在麵皮中心處，再鋪放上起司片、味噌炸豬排。

07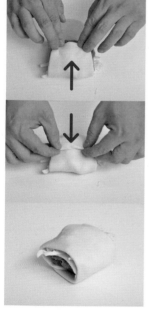

再將前側麵皮往下折疊1/3，再將底側麵皮往上折疊稍覆蓋後，翻面朝底使接縫處朝下，最後發酵60分鐘（濕度75%、溫度28℃）。

08

間隔擺放入烤盤，在表面塗刷上蛋液。

烘烤完成

09 用上火200℃／下火180℃，烤10分鐘。取出，在表面撒上少許柴魚片、海苔粉提升風味即可。

STUFFING

自製內餡 ｜ **炸豬排**

Ingredients

Ⓐ 豬絞肉 500g、洋蔥碎 50g、全蛋 50g、紅藜麥 50g、太白粉 10g、雞粉 10g
Ⓑ 全蛋 300g、麵包粉適量

Step by Step

① 將豬絞肉與其他材料Ⓐ抓醃拌均勻後，捏塑成圓扁肉排狀（約100g），再依序拍沾上打散的全蛋液、沾裹上麵包粉。
② 鍋中加入適量的油，大火加熱（約180℃），再將豬肉排放入熱油鍋中，轉中火油炸至熟至金黃色，撈出瀝油。

Stuffed Bread

牛肉御飯團麵包

麵包麵團結合料理與御飯團造型的概念，把料理好的紅酒燉牛肉包藏在麵包裡，
在烤好的外層沾裹上滿滿的牛肉鬆，包覆稍烘烤過的海苔片，口感奢華的和風料理麵包。

終溫	基本發酵	中間發酵	最後發酵		烤焙	
24-26℃	**60**分	**30**分	**60**分		**10**分	

Ingredients

麵團（20個）

Ⓐ 高筋麵粉 —— 500g
  細砂糖 —— 75g
  鹽 —— 7.5g
  全蛋 —— 200g
  鮮奶 —— 125g
  新鮮酵母 —— 20g
Ⓑ 有鹽奶油 —— 100g
  豆泥 —— 50g

內餡

紅酒燉牛肉餡

表面用（每份）

牛肉肉鬆
美奶滋、海苔

Step by Step

> 使用模型

01

三角形模具。

> 攪拌麵團

02

攪拌缸中放入所有材料Ⓐ
攪拌混合均勻至8分筋。

03
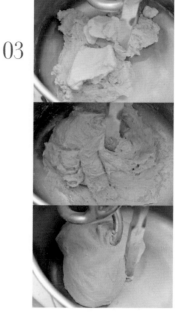

加入材料Ⓑ攪拌均勻至完
全擴展（終溫24-26℃）。

> 基本發酵

04

發酵前
發酵後

麵團整理成表面平滑的圓
球狀，基本發酵60分鐘。

05

將麵團分割成50g，滾圓成表面平滑圓形，中間發酵30分鐘。

整型、最後發酵

06

三角模：將麵團輕拍壓出氣體成圓扁狀，擀壓成圓片，光滑面朝下。

07

在麵皮中間放入紅酒燉牛肉餡（約30g），拉攏麵皮包覆住捏緊收合口，並將收口朝下，放入三角形模具中。

08

最後發酵60分鐘（濕度75%、溫度28℃）。表面鋪放烤盤紙並壓蓋烤盤。

09

手塑三角：在圓形麵皮上舀入內餡後，對折貼合後捏緊、固定一邊。

10

再就另一側壓折出二側角並沿著二側邊捏緊收合，塑整成三角形。

11

收合處朝下放置烤盤，最後發酵後，塗刷蛋液。

烘烤、裝飾

12 用上火180℃／下火200℃，烤10分鐘。連同模型震敲出空氣，脫模。

13

將麵包兩側、表面塗抹上美奶滋，中間黏貼上海苔片，三角兩側沾裹牛肉肉鬆即可。

自製內餡 ｜ 紅酒燉牛肉

Ingredients

Ⓐ 牛小排（切小塊）800g
Ⓑ 海鹽 5g、黑胡椒粒 5g
Ⓒ 橄欖油 50g
Ⓓ 蒜頭 6 顆、迷迭香 1 株
Ⓔ 洋蔥碎 200g、發酵奶油 50g
Ⓕ 紅酒 300g、蔬菜高湯 500g、迷迭香 1 株、百里香 3 株、辣椒片 1 條、番茄糊 100g
Ⓖ 洋菇片 200g、發酵奶油 30g

Step by Step

① 將牛小排加入材料Ⓑ略抓醃，靜置約 30分鐘。
② 鍋中倒入橄欖油，放入醃好的牛小排稍煎至兩面熟，盛出牛小排。
③ 起鍋，放入材料Ⓔ先炒香，再加材料Ⓓ略拌炒，加入海鹽、黑胡椒粒炒勻。
④ 倒入材料Ⓕ拌煮，蓋上鍋蓋，用小火煮至沸騰（約10分鐘），關火，燜煮2小時後，再燜煮2小時。
⑤ 另起鍋，加入發酵奶油加熱融化，炒香洋菇片，再倒入作法④中，一起燉煮至沸騰即可。

---

3 ｜ 口味多變的點心麵包 ｜ 調理麵包 *Stuffed Bread*

Stuffed Bread

蔬食吉士燻雞

加入燻雞、蓮藕沙拉搭配的料理麵包。麵包口感柔軟香甜，
諧和的大地配色佐料，吃得出季節美味。

終溫	基本發酵	中間發酵	最後發酵		烤焙	
24-26℃	**60**分	**30**分	**60**分		**15**分	

Ingredients

麵團 （17個）

ⓐ 高筋麵粉——500g
　 細砂糖——75g
　 鹽——7.5g
　 全蛋——200g
　 鮮奶——125g
　 新鮮酵母——20g
ⓑ 有鹽奶油——100g
　 烤熟黑芝麻——25g

內餡 （每份）

洋蔥絲——10g
燻雞肉片——10g
綠蘆筍——1根
披薩絲——10g
煮熟蓮藕——2片
沙拉醬——適量

表面用

七味粉

Step by Step

使用模型

01

大圓模（陽極）SN60315。

攪拌麵團

02

在攪拌缸中放入所有材料ⓐ攪拌混合均勻至8分筋，加入奶油攪拌均勻至完全擴展。

03

最後再加入烤熟黑芝麻混合拌勻（終溫24-26℃）。

基本發酵

04

發酵後

將麵團整理成表面平滑的圓球狀，基本發酵60分鐘。

分割滾圓、中間發酵

05 將麵團分割成60g，滾圓成表面平滑圓形，中間發酵30分鐘。

3

口味多變的點心麵包

調理麵包 *Stuffed Bread*

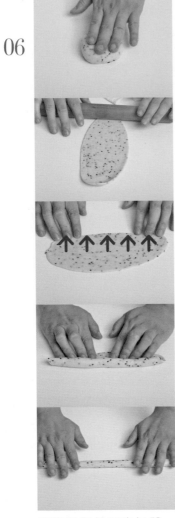

06

將麵團輕拍壓出氣體，
擀壓成橢圓片，光滑面
朝下，將麵團橫向放置，
底部稍延壓開（幫助黏
合），由上往下捲起成長
條狀後，搓揉細長（約
40cm）。

07

將麵團先繞成圓圈，再由
底部穿入中空下方順勢繞
出成花結，形成花結形。

08

收合於底，稍按壓平，放
入模型中，最後發酵60
分鐘（濕度75%、溫度
28℃）。

09

在表面塗刷蛋液，擺放上
洋蔥絲（10g）、燻雞肉
（10g）、沙拉醬、綠蘆
筍、披薩絲及蓮藕片。

烘烤、組合

10

用上火210℃／下火200℃，
烤15分鐘。連同模型震敲
出空氣，脫模。表面撒上
七味粉調味點綴。

\ Point /

當日未食用完畢的料理
麵包類，應冷藏保存並
在隔日食用完畢。

Stuffed Bread

蔬活總匯起司

在柔軟的麵包麵團中包入自製的起司醬，是一款大量使用時令蔬菜，
烤成滿滿配料的總匯麵包，餡料也可隨喜好搭配。

終溫 **24-26**℃ | 基本發酵 **60**分 | 中間發酵 **30**分 | 最後發酵 **60**分 烤焙 **10**分

Ingredients

麵團（17個）

Ⓐ 高筋麵粉——500g
細砂糖——90g
鹽——7g
新鮮酵母——20g
蛋黃——30g
鮮奶——100g
水——170g
Ⓑ 發酵奶油——70g

內餡（每個）

綠花椰菜——1個
起司醬——10g
小番茄塊——2個
培根片——20g

起司醬

Ⓐ 起司片——140g
發酵奶油——100g
Ⓑ 動物鮮奶油——130g
鹽——2g

表面用

蜜汁
黑胡椒

Step by Step

使用模型

01 矽利康模小長型（180 mm ×85 mm×36 mm）。

起司醬

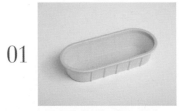

02 將材料Ⓐ小火加熱煮融至沸騰，加入材料Ⓑ拌煮至均勻融合再度沸騰即可。

製作麵團

03 麵團攪拌、基本發酵參見「粉櫻の戀」P144-147，作法2-5製作。

04 將麵團分割成80g，滾圓成表面平滑圓形，中間發酵30分鐘。

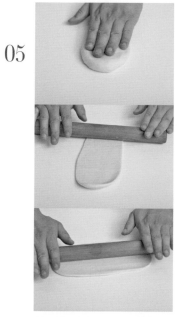

05

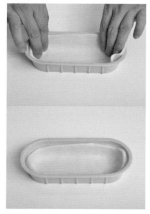

06

將麵團輕拍壓出氣體後，擀壓成橢圓片，光滑面朝下。

將橢圓麵皮鋪放入模型中，並沿著模邊按壓整型。

07

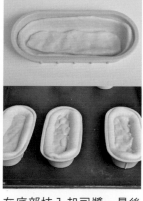

在底部抹入起司醬，最後發酵60分鐘（濕度75%、溫度28℃）。

08

備妥料理用的食材。

09

將燙熟的綠花椰菜及其他材料整齊交錯鋪放入模型中，表面塗刷蛋液。

10 用上火200℃／下火200℃，烤10分鐘。連同模型震敲出空氣，脫模。塗刷上蜜汁，撒上黑胡椒即可。

3

口味多變的點心麵包

調理麵包 *Stuffed Bread*

自製蜜汁

材料：全蛋2個、細砂糖100g、橄欖油500g
作法：將全蛋、細砂糖攪拌融解後，分次加入橄欖油攪拌至完全融合即可。

Stuffing
香濃滑順的卡士達餡

質地滑潤的卡士達，是麵包糕點不可或缺的餡料。書中除了基本的香草卡士達，還有其他多種的風味，可應用在內餡、抹醬夾餡等，美味變化無窮。

01 | 咖啡卡士達餡

Ingredients

Ⓐ 鮮奶500g
　 香草莢1/2根
Ⓑ 細砂糖90g
　 蛋黃155g
　 低筋麵粉20g
　 玉米粉18g
　 咖啡粉40g
Ⓒ 發酵奶油10g
　 咖啡酒5g

Step by Step

① 香草籽連同香草莢與鮮奶加熱煮至沸騰，取出香草莢。
② 將蛋黃、細砂糖混合拌勻，加入混合過篩的粉類拌勻至無粉粒。
③ 將作法①沖入到作法②中邊拌邊加熱至沸騰，離火，待稍降溫，加入奶油、咖啡酒拌勻，倒入平盤中待稍冷卻，覆蓋保鮮膜、冷藏。

02 | 香草卡士達餡

Ingredients

Ⓐ 鮮奶500g
　 香草莢1/2根
Ⓑ 細砂糖100g
　 蛋黃90g
　 低筋麵粉25g
　 玉米粉25g
Ⓒ 發酵奶油25g
　 白蘭地40g

Step by Step

① 香草籽連同香草莢與鮮奶加熱煮至沸騰，取出香草莢。
② 將蛋黃、細砂糖拌勻，加入過篩粉類拌勻至無粉粒。
③ 將作法①沖入到作法②中邊拌邊加熱至沸騰，離火，待稍降溫，加入奶油、白蘭地拌勻，倒入平盤中待稍冷卻，覆蓋保鮮膜、冷藏。

01

02

03 │ 起司卡士達餡

Ingredients

Ⓐ 鮮奶300g
Ⓑ 奶油起司450g
　　細砂糖240g
　　蛋黃60g
　　玉米粉45g
Ⓒ 檸檬汁30g
　　君度橙酒60%20g

Step by Step

① 將所有材料Ⓑ混合攪拌均勻備用。
② 將材料Ⓐ用小火加熱煮沸後，沖入到作法①中邊拌邊加熱煮至沸騰，離火，加入材料Ⓒ拌勻，倒入平盤中待稍冷卻，覆蓋保鮮膜、冷藏。

04 │ 栗子卡士達餡

Ingredients

Ⓐ 鮮奶200g
　　香草莢1/3根
Ⓑ 全蛋150g
　　細砂糖50g
　　低筋麵粉20g
　　玉米粉20g
　　栗子泥20g
Ⓒ 發酵奶油30g
　　白蘭地10g

Step by Step

① 香草籽連同香草莢與鮮奶加熱煮至沸騰，取出香草莢。
② 將全蛋、細砂糖、栗子泥拌勻，加入混合過篩粉類拌勻至無粉粒。
③ 將作法①沖入到作法②中邊拌邊加熱至沸騰至濃稠，離火，待稍降溫，加入奶油、白蘭地拌勻，倒入鐵盤中待稍冷卻，覆蓋保鮮膜、冷藏。

Loaf

石臼紫米山食

添加了湯種的麵團，增加了甘甜柔軟度，
為凸顯健康風味特別加入石臼裸麥高粉，
並以養生的食材紫米餡搭配，吃得出健康的美味吐司。

	終溫	基本發酵	中間發酵	最後發酵		烤焙	
	26℃	**90**分	**30**分	**70**分		**35**分	

Ingredients

麵團（3個）

Ⓐ 高筋麵粉 —— 450g
　 石臼裸麥高粉 —— 450g
　 鹽 —— 20g
　 細砂糖 —— 70g
　 奶粉 —— 50g
　 新鮮酵母 —— 30g
　 紫糯米（煮熟） —— 100g
　 全蛋 —— 50g
　 動物鮮奶油 —— 100g
　 水 —— 440g
　 湯種（P23） —— 230g
Ⓑ 發酵奶油 —— 60g

紫米餡

Ⓐ 紫米（煮熟） —— 400g
　 紅豆（煮熟） —— 200g
　 桂圓（煮熟） —— 75g
　 紅棗（煮熟） —— 35g
Ⓑ 細砂糖 —— 150g
　 鹽 —— 1g

Step by Step

使用模型

01
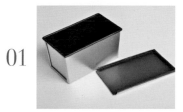

吐司盒-本體SN2052。

紫米餡

02

將紫米、紅豆、桂圓、紅棗煮熟，瀝乾多餘的水分，趁熱與材料Ⓑ混合拌勻即可。

攪拌麵團

03

將材料Ⓐ攪拌混合均勻至8分筋。

04

再加入材料Ⓑ攪拌均勻至
完全擴展（終溫26℃）。

05

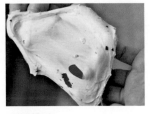

薄膜光滑

確認筋度。

基本發酵

06

發酵前

發酵後

將麵團整理成表面平滑的
圓球狀，基本發酵45分
鐘。

07

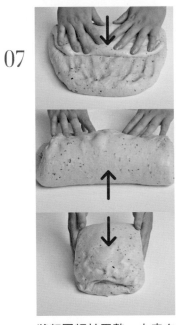

將麵團輕拍平整，由底向
中間折疊1/3，再由前向中
間折疊1/3，轉向，輕拍，
再由底向中間對折（壓平
排氣、翻麵），繼續發酵
約45分鐘。

分割滾圓、中間發酵

08

將麵團分割成270g×2，
滾圓成表面平滑圓形，中
間發酵30分鐘。

整型、最後發酵

09

將麵團輕拍擠壓出氣體，
由中間朝上下擀壓平成
橢圓片，光滑面朝下，再
從上往下捲折至底成圓筒
狀。

10

將麵團縱向放置，擀壓平成長條片狀，光滑面朝下，在表面均勻抹上紫米餡（約20g），再從前端往下捲折稍按壓緊捲折至底，收口朝下成圓筒狀。

11

將2個麵團為組，倚靠模型的前後兩側放置。最後發酵70分鐘（濕度75%、溫度28℃），在表面塗刷蛋液。

烘烤完成

12 用上火180℃／下火230℃，烤35分鐘。連同模型震敲出空氣，脫模。

＼ Point ／

> 烤好後立即脫模取出，若一直放在吐司模中，充分膨脹的麵包會因水氣無法蒸發變得扁塌。

> **關於麵包烤焙**

為使烘烤的麵包上色均勻，麵包開始烤上色時，可將模型轉向，或藉由轉動烤盤位置做轉向烘烤，以便烤出均勻色澤。若烤焙中途已有上色過深的情形，可在表面覆蓋烤焙紙做隔絕避免烤焦。

Loaf

極致生吐司

近來日本大阪掀起的生吐司（生食パン）風潮，
以講究食材品質產地外，
強調不需經過任何加工、不外加任何東西，
擁有絕佳的柔軟彈性質地的特色，
即使不經回烤連邊也鬆軟有彈性，
單吃就能品嚐鬆軟甜美的風味。

| | 終溫
24-26℃ | 基本發酵
90分 | 中間發酵
30分 | 最後發酵
60分 | | 烤焙
25分 | |

Ingredients

麵團（4個）

Ⓐ 高筋麵粉——1000g
　 細砂糖——80g
　 鹽——16g
　 高糖乾酵母——12g
　 動物鮮奶油——320g
　 蜂蜜——80g
　 鮮奶——280g
　 水——240g
Ⓑ 發酵奶油——80g

Step by Step

使用模型

01
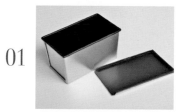

吐司盒-本體SN2052。吐司盒蓋SN20522。

攪拌麵團

02

將材料Ⓐ攪拌混合均勻至7分筋。

03
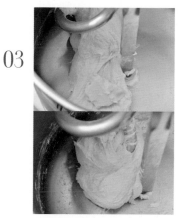

再加入材料Ⓑ攪拌均勻至完全擴展（終溫24-26℃）。

04
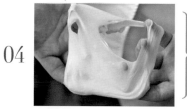

薄膜光滑

確認筋度。

基本發酵

05

麵團整理成表面平滑的圓球狀，基本發酵45分鐘。

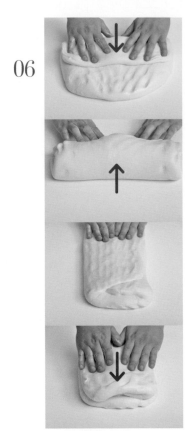

06

再將麵團輕拍平整，由底
向中間折疊1/3，再由前
向中間折疊1/3，轉向，
輕拍，再由底向中間對折
（壓平排氣、翻麵），繼
續發酵約45分鐘。

07

將麵團分割成225g×2，
滾圓成表面平滑圓形，中
間發酵30分鐘。

08

將麵團輕拍擠壓出氣體，
由中間朝上下擀壓平成橢
圓片，光滑面朝下。

09

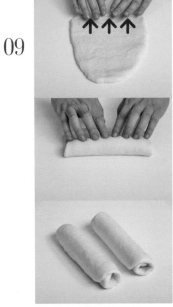

底部稍延壓開（幫助黏
合），從前端往下折小圈
稍按壓緊，再捲折收口於
底，鬆弛20分鐘。

10

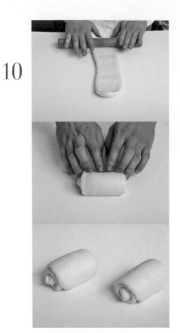

將麵團縱向放置，擀壓
平成長條片狀，光滑面朝
下，由前端往下捲折至底
成圓筒狀，收口朝下。

11

將2個麵團為組，倚靠模
型的前後兩側放置。最後
發酵60分鐘至7分滿，蓋
上模蓋。

12 用上火230℃／下火200℃，
烤25分鐘。連同模型震敲
出空氣，脫模。

Loaf

南瓜麻吉綿柔山食

在濃郁而帶有南瓜香甜氣息的麵團中，
分布擺放上蜂蜜麻糬丁與南瓜片，
製作成的南瓜吐司麵包，不僅顏色好看，
口感與風味都讓人喜愛。

	終溫	基本發酵	中間發酵	最後發酵		烤焙	
	24-26℃	**60**分	**30**分	**60**分		**25**分	

Ingredients

麵團（10個）

Ⓐ 高筋麵粉 —— 1000g
　 新鮮酵母 —— 30g
　 細砂糖 —— 150g
　 鹽 —— 16g
　 全蛋 —— 120g
　 動物鮮奶油 —— 100g
　 新鮮南瓜泥 —— 300g
　 法國老麵（P22）—— 100g
　 水 —— 300g
Ⓑ 發酵奶油 —— 120g

內餡（每個）

烤熟南瓜片 —— 6-9片
蜂蜜麻糬切丁 —— 20g

表面用

南瓜子

Step by Step

使用模型

01

吐司盒-本體SN2151。

南瓜片

02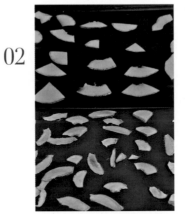

南瓜洗淨去除瓤子,切成
薄片,鋪放烤盤,以上火
150℃／下火150℃,烤約
40分鐘至水分收乾。

攪拌麵團

03

將材料Ⓐ攪拌混合均勻至7
分筋。

04

再加入奶油。

05

攪拌均勻至完全擴展（終溫24-26℃）。

06

薄膜光滑

確認筋度。

07

發酵前

發酵後

將麵團整理成表面平滑的圓球狀，基本發酵60分鐘。

分割滾圓、中間發酵

08

將麵團分割成200g，滾圓成表面平滑圓形，中間發酵30分鐘。

整型、最後發酵

09

蜂蜜麻糬丁

將麵團輕拍擠壓出氣體，由中間朝上下擀壓平成橢圓片，光滑面朝下，在表面的上、中、下三處分別平鋪上烤熟南瓜片（各2-3片），放上蜂蜜麻糬丁（約20g）。

10

從前端往下捲折稍按壓緊，捲折至底收口朝下成圓筒狀，並切分成3等份。

11

將麵團放入模型中，最後發酵60分鐘（濕度75%、溫度28℃）至9分滿，表面塗刷上蛋液，撒放上南瓜子。

烘烤完成

12 用上火180℃／下火230℃，烤25分鐘。連同模型震敲出空氣，脫模。

3 ― 口味多變的點心麵包 ― 日常吐司 Loaf

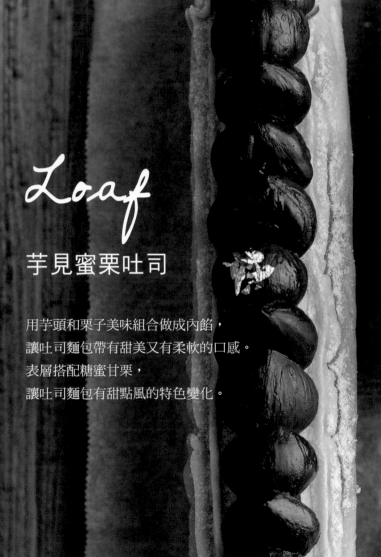

Loaf

芋見蜜栗吐司

用芋頭和栗子美味組合做成內餡，
讓吐司麵包帶有甜美又有柔軟的口感。
表層搭配糖蜜甘栗，
讓吐司麵包有甜點風的特色變化。

Ingredients

麵團（10個）

Ⓐ 高筋麵粉——500g
　 細砂糖——75g
　 鹽——9g
　 新鮮酵母——15g
　 全蛋——75g
　 鮮奶——100g
　 水——155g
Ⓑ 發酵奶油——125g
　 豆泥——25g

芋頭栗子餡

Ⓐ 芋頭泥——600g
　 細砂糖——120g
Ⓑ 橄欖油——50g
　 糖蜜栗子——300g

表面用

芋泥香緹餡
防潮糖粉
糖蜜栗子
金箔

Step by Step

使用模型

01

水果條SN2132。

芋頭栗子餡

02

芋頭去皮、切片，蒸熟後趁熱加入細砂糖與切半的糖蜜栗子一起搗壓均勻，加入橄欖油拌勻即可。

攪拌麵團

03

將材料Ⓐ攪拌混合均勻至8分筋。

3
口味多變的點心麵包

日常吐司 Loaf

04

再加入奶油與豆泥攪拌均勻至完全擴展（終溫24-26℃）。

05

確認筋度。

薄膜光滑

基本發酵

06 將麵團整理成表面平滑的圓球狀，基本發酵60分鐘。

分割滾圓、中間發酵

07 將麵團分割成100g，滾圓成表面平滑圓形，中間發酵30分鐘。

整型、最後發酵

08

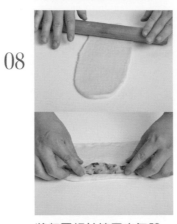

將麵團輕拍擠壓出氣體，由中間朝上下擀壓平成橢圓片，轉向橫放，光滑面朝下，在表面抹上芋頭栗子餡（約20g）。

09

從前端往下捲折稍按壓緊，捲折至底成圓筒狀，收口朝下，放入模型中。最後發酵60分鐘（濕度75%、溫度28℃）。

烘烤、裝飾

10

表面蓋上烤焙布壓蓋上烤盤，用上火180℃／下火200℃，烤15分鐘。連同模型震敲出空氣，脫模。

11

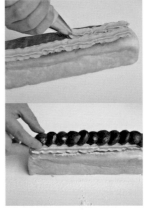

表面擠上芋泥香緹餡，篩撒上糖粉，鋪放上糖蜜栗子，用金箔點綴。

芋泥香緹餡

材料：蒸熟芋頭300g、細砂糖40g、橄欖油20g、打發動物鮮奶油100g
作法：蒸熟芋頭趁熱與細砂糖拌勻後，加入橄欖油拌勻，加入打發動物鮮奶油拌勻冷藏。

Loaf

歐風橙香吐司

蛋與鮮奶的使用讓麵包的口感更為鬆軟，帶有特殊的濃郁奶味與香甜味。
完成的麵包表面鑲嵌著金黃的橙片，相當討喜可愛，
再塗刷君度蜜釀滲入麵包裡，不只能提升亮澤感也能增添風味。

終溫 **24-26**℃ | 基本發酵 **60**分 | 中間發酵 **30**分 | 最後發酵 **60**分 烤焙 **10**分

Ingredients

麵團（7個）

Ⓐ 高筋麵粉——500g
　 新鮮酵母——20g
　 鹽——10g
　 細砂糖——50g
　 蜂蜜——40g
　 全蛋——150g
　 蛋黃——50g
　 鮮奶——200g
Ⓑ 發酵奶油——200g
Ⓒ 蜜桔丁——200g

表面用（每個）

蜜漬柳橙片——2.5片
君度蜜釀
開心果碎

＊君度蜜釀。將水100g、細砂糖
　100g煮沸，熄火，加入君度橙酒
　60%100g拌勻，冷卻後使用（未
　使用完畢的需冷藏保存）。

Step by Step

使用模型

01

圓吐司模SN2301。

前置處理

02

糖漬柳橙片。將水（300g）、
細砂糖（300g）煮至沸騰，
放入柳橙片（20片）煮沸
約10分鐘後，熄火，浸泡1
天至完全入味後使用。

03

蜜桔丁。將蜜桔乾（100g）、
君度橙酒60%（10g）混
合，室溫浸漬約3天至完全
入味即可。

攪拌麵團

04
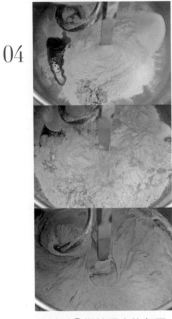
將材料Ⓐ攪拌混合均勻至7
分筋。

05
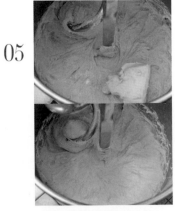
再加入材料Ⓑ攪拌均勻。

06

至完全擴展。確認筋度。

薄膜光滑

07

最後加入作法③蜜桔丁混合拌勻（終溫24-26℃）。

08

發酵後

將麵團整理成表面平滑的圓球狀，基本發酵60分鐘。

分割滾圓、中間發酵

09 將麵團分割成140g，滾圓成表面平滑圓形，中間發酵30分鐘。

整型、最後發酵

10

將糖漬柳橙片用拭紙巾稍按壓吸附多餘的水分後，對切為二使用。

11

將半圓柳橙片呈上下交錯的鋪放入模型中，備用。

12

將麵團輕拍擠壓出氣體，由中間朝上下擀壓平成橢圓片，光滑面朝下，再從外側往內捲起至底成圓筒狀，搓揉均勻成細長條。

13

收口朝下，放入模型中，最後發酵60分鐘（濕度75%、溫度28℃），蓋上模蓋。

烘烤、裝飾

14 用上火210℃／下火210℃，烤10分鐘。連同模型震敲出空氣，脫模。

15

表面塗刷君度蜜釀，用開心果碎點綴。

Column

餐桌上的麵包食光

每一種麵包都有著自己的味道、態度，不論是早餐的吐司、餐前的法國長棍，還是下午茶的點心麵包等；每天都吃得到的日常麵包，以不同形式在餐桌上展現出的，不只是美味光景，更是種對生活品味的鋪陳與堅持。

P144-203
Sweet Bread
Stuffed Bread
Loaf

Enjoy Life，

P100-P137
Danish
Croissant

P138-P39
P186-187
Stuffing

Eat Bread ⊙

P30-97
European Bread
Natural Yeast

Index

書中使用的講究食材

鷹牌高筋粉
- 灰份0.38
- 蛋白質12

特色：極佳吸水性及保濕性，攪拌穩定性佳，製作吐司組織更綿密，麥香味較佳。

石臼研磨吐司專用粉
- 灰份0.95
- 蛋白質13.5

特色：百分之百精選加拿大特級硬紅春麥，以石臼古法慢工研磨而成的全麥粒麵粉，帶著石臼研磨的特有濃郁麥香氣。

金妮法國專用粉
- 灰份0.48
- 蛋白質11.2

特色：特有麥香甜味，使產品外皮酥脆，組織Q彈。

凱薩琳高筋粉
- 灰份0.35
- 蛋白質11.6

特色：只萃取最高等級小麥粉心，24小時低溫研磨，吸水性特高，組織不易老化。

鑽石低筋粉
- 灰份0.4
- 蛋白質8.3

特色：製作出來的蛋糕會呈現優雅黃色，組織細緻、保濕性佳、入口即化。

樂比果泥

特色：水果含量均高達90%，有多樣化的口味選擇。不但是法國里昂甜點世界盃指定品牌，更為美國白宮及法國御廚指定使用。

拔絲奶黃顆粒

特色：鹹香奶黃內餡搭配Q彈麻糬外皮，不管是包入麵包、月餅或是中式糕點裡，QQ麻糬的柔軟和韌性，可製造出極佳的「牽絲」效果，可為西點增加獨特的口感與變化性，具Halal清真認證肯定。

北國790無鹽人造奶油

特色：日本不二製油集團的北國ラン系列，熔點低、穩定性高、風味細緻、口感滑順，不含部分氫化反式脂肪，具Halal清真認證，穩定度及可塑性高。

蜂蜜麻糬丁

特色：獨特蜂蜜香氣、耐烤、抗凍、切丁狀不黏手，口感Q軟，具Halal清真認證，適合填充內餡、包裹於麵包、中式餅類及西點蛋糕等，用途多元，呈現豐富口感效果佳。

本單元針對書中使用的材料特別介紹；這裡所有標註的日、法製麵粉，
以及乳製品、風味材料皆可在各大烘焙材料專賣店、網路商店購得。

GALLO
冷壓初榨橄欖油

特色：採用葡萄牙當地特殊的四種 "Cobrançosa"、"Cordovil"、"Galega" 和 "Verdeal" 橄欖果實壓榨而成，並以釀製葡萄酒的概念，祕調出特殊天然果香風味，是歐陸餐桌上必放的經典佐料。

黑糖麻糬餡片

特色：結合台灣古早風味，有淡淡的蔗香、炒糖香，而麻糬的延展性、抗凍性極佳，耐烤焙、抗凍，延展性佳且不黏手，具Halal清真認證，適合填充內餡或製作層次分明的麵包、西點，增加口感及風味。

福星豆泥

特色：使用非轉基因黃豆，冷萃取製造。適用於各種麵團、冷凍麵團，能讓麵團更加穩定，好整型。保水性佳能減緩水分流失，維持柔軟口感；可提升冷凍麵團的膨脹力與濕潤的口感，烤焙後上色均勻、外觀堅挺的效果。

· 規格：1L
· 酒精度：50%
· 原產地：法國

人頭馬白蘭地

特色：選用法國政府特別給予的認可；特優香檳干邑白蘭地FINE CHAMPAGNECOGNAC；法國著名的葡萄酒產區干邑區內的大香檳區及小香檳區兩個種植區的葡萄按對半的比例混合後釀製的干邑白蘭地。對於葡萄乾、巧克力、鮮奶油、刷於蛋糕的酒糖液等都適用。

· 規格：1L
· 酒精度：60%
· 原產地：英國

植物學家琴酒

特色：獨一無二的蘇格蘭艾雷島琴酒，使用31種植物作為配方，其中22種為艾雷島野生植物，包含艾雷島野生杜松子，以低壓文火緩慢蒸餾，散發出柑橘、薄荷與花的香氣，口感層次豐富。

艾姆苦杏仁酒

規格：1L
酒精度：60%
原產地：法國
特色：風靡義大利的苦杏仁酒，由榛子、杏仁和水果釀造而成，不含糖，因此口感較為清爽且具有水果風味。

君度橙皮提取液
（君度橙酒60%）

規格：1L
酒精度：60%
原產地：法國
特色：使用君度橙皮提取液60%，香氣是40%的6倍，因此在烘焙餐飲使用操作上只需要倒入1/3的使用量，即可達到君度酒40%相同的效果。

食材提供／總信食品有限公司、德麥食品股份有限公司、福星食品有限公司、旭騰股份有限公司

國家圖書館出版品預行編目（CIP）資料

李志豪 嚴選之味日式手感麵包 / 李志豪著. -- 初版. -- 臺北
市：原水文化出版：英屬蓋曼群島商家庭傳媒股份有限公司
城邦分公司發行, 2022.02
　面；　公分. --（烘焙職人系列；11）

ISBN 978-626-95643-3-0（平裝）

1. CST：點心食譜　2. CST：麵包

427.16　　　　　　　　　　　　　110022604

烘焙職人系列 **011**

李志豪 嚴選之味日式手感麵包

作　　　者／李志豪
特 約 主 編／蘇雅一
責 任 編 輯／潘玉女

行 銷 經 理／王維君
業 務 經 理／羅越華
總　編　輯／林小鈴
發　行　人／何飛鵬
出　　　版／原水文化
　　　　　　台北市南港區昆陽街 16 號 4 樓
　　　　　　電話：02-25007008　　傳真：02-25027676
　　　　　　E-mail：H2O@cite.com.tw　　Blog：http:citeh2o.pixnet.net/blog/
　　　　　　FB 粉絲專頁：https://www.facebook.com/citeh2o/
發　　　行／英屬蓋曼群島商家庭傳媒股份有限公司城邦分公司
　　　　　　台北市南港區昆陽街 16 號 8 樓
　　　　　　書虫客服服務專線：02-25007718 · 02-25007719
　　　　　　24 小時傳真服務：02-25001990 · 02-25001991
　　　　　　服務時間：週一至週五 09:30-12:00 · 13:30-17:00
　　　　　　讀者服務信箱 email：service@readingclub.com.tw
劃 撥 帳 號／19863813　　戶名：書虫股份有限公司
香 港 發 行 所／城邦（香港）出版集團有限公司
　　　　　　地址：香港九龍土瓜灣土瓜灣道 86 號順聯工業大廈 6 樓 A 室
　　　　　　Email：hkcite@biznetvigator.com
　　　　　　電話：(852)25086231　　傳真：(852) 25789337
馬 新 發 行 所／城邦（馬新）出版集團 Cite (Malaysia) Sdn. Bhd.
　　　　　　41, Jalan Radin Anum, Bandar Baru Sri Petaling,
　　　　　　57000 Kuala Lumpur, Malaysia.
　　　　　　電話：(603) 90578822　　傳真：(603) 90576622
　　　　　　電郵：cite@cite.com.my

美 術 設 計／陳育彤
攝　　　影／周禎和
製 版 印 刷／卡樂彩色製版印刷有限公司

城邦讀書花園
www.cite.com.tw

初　　　版／2022 年 2 月 10 日
初版 2.2 刷／2024 年 7 月 5 日
定　　　價／600 元